死亡
并　不
存在

基于量子物理学的
新假说

死 は 存 在 し な い

〔日〕田坂广志　著　陈云　译

中国出版集团
东方出版中心

图书在版编目（CIP）数据

死亡并不存在：基于量子物理学的新假说 /（日）
田坂广志著；陈云译. 一上海：东方出版中心，
2024.6（2025.1重印）
　ISBN 978-7-5473-2421-9

　Ⅰ. ①死… Ⅱ. ①田… ②陈… Ⅲ. ①量子论－研究
Ⅳ. ①O413

中国国家版本馆CIP数据核字（2024）第103932号

上海市版权局著作权合同登记：图字09-2024-0372号

死亡并不存在

著　　者　[日]田坂广志
译　　者　陈　云
策　　划　李　琳
责任编辑　李　琳
封面设计　@吾然设计工作室

出 版 人　陈义望
出版发行　东方出版中心
地　　址　上海市仙霞路345号
邮政编码　200336
电　　话　021-62417400
印 刷 者　上海盛通时代印刷有限公司

开　　本　787mm×1092mm　1/32
印　　张　6.5
字　　数　88千字
版　　次　2024年8月第1版
印　　次　2025年1月第2次印刷
定　　价　58.00元

目　录

序

写给拿起这本书的你

这本书的书名是《死亡并不存在》，乍一看，像是一本关于哲学的书。

而它的副标题是"基于量子物理学的新假说"。

你拿起这本书，笔者感谢这个缘分。但我想先问个问题：

你是带着怎样的想法拿起这本书的呢？

笔者希望本书能给你一些解答。首先，请允许我介绍一下这本书的目标读者。

写给直面死亡的你

第一，是那些直面死亡的人。他们会提出下面的问题：

"走过漫长的人生，年龄不断增长，到了该认真思考死亡的时候了。我想知道：死后的我们，会怎样？"

即使不是高龄者，如果你处于以下状况，也会认真思考同样的问题：

"得了重病，医生告知余生不长了。如果真的有'死后世界'，我想知道那会是怎样的一个世界呢？"

其实，我也有过这样的时期。39年前，医生就给过我这样的宣告。我不得不要正视死亡。为此，我去读了不少讲述"死后世界"的书，希望自己能冷静面对一切。因此，我非常理解那些直面"死亡时刻"的人的感受。

本书基于我的亲身体验写成。如果你正处于和死亡面对面的处境，本书也许能带给你一些觉悟和勇气。

写给对科学和宗教有疑惑的你

第二，在死亡问题上，对科学和宗教都存疑的人会问：

"现代科学主张'死亡是归于无'，我总体上相信这一点，但又觉得无法全信。科学对'死亡'有没有新的解释？如果有的话，我想知道。"

"我认为应该存在'死后的世界'。但是宗教教义中的死亡过于抽象，我将信将疑。如果有更具体的描述的话，我想知道。"

如果你对现代科学和宗教抱有这样的疑问，本书可以提供有关死亡的科学新解，帮助你获取有关"死后世界"的直观印象。

写给对最尖端量子科学假说感兴趣的你

第三，对"新的解释"和"直观印象"抱有浓厚兴趣的人，会提出以下问题：

"如果最尖端科学认为存在'死后世界'的可能性，我想知道它的科学根据和相关理论。"

"如果有'死后世界'，那么我们的意识在死后还会存在吗？ 如果存在的话，在那个世界里，我们的意识会变成什么样的呢？"

如果你也抱有这样的疑问。通过本书，你能够详细了解最尖端量子科学提出的"零点场假说"。

对于"死后的世界"是何种存在，我们的意识会发生怎样的改变，你也将收获具体直观的印象。

写给想知道人生中"不可思议的体验"背后理由的你

第四，那些想知道人生中"不可思议的体验"发生理由的人，会提出下面的问题：

"在人生中，会有预感、预知、应验、同步性等各种各样'不可思议的体验'，我认为这些不单单是偶然或者错觉。如果这种体验的发生有科学依据的话，我很想知道。"

"很多人一有什么'不可思议的体验'，会马上把它和'灵魂世界'联系起来。'灵魂世界'到底是什么？它的真容是什么？我想知道。"

如果你也有此类疑问，那么通过本书，你会了解，为什么我们会有各种各样不可思议的体验，为什么人生会发生各种各样无法解释的事情——我的意思是，你会明白背后的科学道理。

另外，对所谓"灵魂世界"，我们也能一窥究竟。

写给对亲人之死难以释怀的你

第五，对亲人或所爱之人的死难以释怀的人。他们的问题是：

"最近失去了挚爱的亲人，那种悲伤和痛苦、失落感和孤独感让人难以忍受。而我们自己总有一天也会死去——我们死后，还能与亲人'重逢'吗？"

"我和某位亲人生前不和，彼此不理会，那位亲人后来去世了。如果有'死后的世界'，在那个世界里，我有机会和他和解吗？"

"我的某位亲人以悲惨的方式死去。他怀着非常痛苦、非常遗憾的心情离开了人世，那位亲人的'灵魂'得到救赎了吗？"

"我觉得那位亲人去世后还在引导着我。是我想多了吗？还是他真的在引导我呢？"

如果你也有这种急切的想法，请读一读本书。

笔者也曾有过失去至亲的痛苦体验。那段时间里，笔者的内心充满深深的失落感、悔意和悲伤。不过之后，笔者有种被过世亲人引导的感觉，开始相信"死后世界"的可能性，内心里照进了光。

写给想深入思考死亡的你

第六，希望加深对死亡思考的人，会有下面的疑问：

"古今东西，关于死亡有各种各样的思想和理论，那么，有没有一种思想或者理论，可以总括其他所有的思想和理论呢？"

"直到现在，在死亡问题上，科学、宗教、哲学各持己见。难道就没有一种能将它们统一起来的思想吗?"

如果你也抱有这样的疑问,本书将提供某种解答。在书的后半部分,我们将讨论:

人工智能、复杂科学、盖亚[1]思想、自组织理论等科学理论;

荣格心理学、超个体心理学等深层心理学;

般若心经、法华经、华严经、净土真宗、禅宗、神道教、自然崇拜等宗教思想;

基督教《圣经·旧约》与泰亚尔·德·夏尔丹[2]的进化论;

黑格尔、斯宾诺莎、海德格尔、萨特等西方哲学。

---

1. 希腊神话中的大地女神。——译者注
2. 皮埃尔·泰亚尔·德·夏尔丹(Pierre Teilhard de Chardin, 1881—1955),法国古生物学家和地质学家,耶稣会教士。1912年被任命为牧师。1922年获得巴黎大学的古生物学和地质学博士学位。因"北京猿人"的研究和新生代地质研究,为人所知。他曾努力向世人证明基督教和科学能够和谐共存并且相互利用,试图用进化论来解释耶稣和宇宙的关系。他把进化形容成积极迈向更高级的生命形式,而这源于对上帝的恩典和慈爱的回应。他认为低级的物质形式在努力争取具备人的形态和意识,最终全人类在基督的名下达成统一。他的思想在罗马天主教内部引发争议,为此他无法在法国教书,作品被禁。他的主要著作都在他去世以后出版。——译者注

笔者在介绍上述理论、思想的同时，还将罗列电影、小说、诗歌中的隐喻，来帮助理解"死亡""死后的世界"和"死后的意识变化"等问题。

本书采用"知识总括法"和"知识统合法"，希望帮助读者诸君加深对死亡的思考。

量子科学暗示"死后世界"的可能性

本书为读者提供了一个从各个角度重新审视和思考死亡的机会。通过本书，笔者想向您传达以下重要信息：

迄今为止，科学否定"死后世界"的存在。

但是近年来，最尖端量子科学提出了一个有趣的假说。

这个新假说暗示：存在"死后世界"的可能性。

这个假说的具体内容是什么？它是一个怎样的科学理论？

如果这个假说正确，那么"死后的世界"到底是什么样的？

在这个"死后的世界"中，我们的意识会变成什么样？

如果这个假说正确，对人世间的我们，有什么启发？

如果这个假说正确，科学的未来会是怎样？

本书力图解答以上问题。在本书中，这个最先端量子科学的新假说指的就是"零点场假说"。

笔者长年从事科学研究工作，拥有核工程博士学位。从我的立场看，这个假说具有充分的合理性，值得展开科学讨论。

其实，由于我是个科学工作者，在很长时间里，我一直坚持唯物论思想，认为死后的世界是不存在的。

与此同时，人们之所以相信存在"死后的世界"，是因为发生了"不可思议的体验"。比如，"直觉""以心传心""预感""预知""同步性""星座运势"，等等，它们以象征性或者戏剧化的方式，在人生中反复登场。而且，我们从关系密切的朋友和熟人口中得知，不少人都有过这种体验。

本书将会介绍一些此类现象。不过，笔者是科学工作者出身，对这些体验，不会立马开启"黑匣子式"的思考模式。笔者秉始的，始终是科学、合理的思考。笔者想回答以下问题：

为什么我们的人生中会发生无法用常理解释的事情？

为什么存在让人联想到"死后世界"的某些现象？

如果真的存在"死后世界"，它到底是什么样的？

经过多年探索和思考，笔者从最尖端量子科学的"零点场假说"中找到了合理解释。基于这个假说，本书将阐释并回答："死后，我们的意识会如何变化？"

在分析中，我们会用到以下理论和思想：

最前沿的宇宙论、时间论，生命论、进化论，脑科学、意识科学，计算机科学、人工智能论，还有古代宗教、古典哲学，东方医学、替代医疗，深层心理学、冥想技法，文化人类学、地球环境论等。

本书讨论"死后的世界"，其中的一些观点肯定会受到各种质疑和批判。笔者由衷地欢迎各种质疑和批评。

无论在哪个时代，讨论新理论和新思想，都会受到质疑和批判。也正是因为有质疑和批判，这些理论和思想才有了进一步深化和发展的机会。

笔者希望阅读本书的科学家、心理学家和哲学家们，都参与到对"零点场假说"的探讨中来，共同推动这一理论的发展。

第一章

你相信『死后的世界』吗

人类最大的谜团，人生最大的疑问

"死"是什么？

这是人类最大的谜团，也是人生最大的疑问。

换句话说，我们人类，每个人的内心深处都藏着以下问题：

"人死后会怎样？"

"死后，我们的意识会怎样？"

"有死后的世界吗？"

"如果存在死后的世界，会是什么样的？"

对于这些问题，古今东西的思想家、宗教家、科学家，各有各的说法。

儒家始祖孔子委婉地回避了对"死亡是什么"进行直接回答，孔子持"死后不可知论"。他留下了这样的话："未知生，焉知死。"

瑞典海洋学家奥托·佩特森[1]同样持"死后不可知论"，但他对"死后世界"显然抱有某种预感和期待。

---

1. 奥托·佩特森（Sven Otto Pettersson，1848—1941），瑞典海洋学家。
　　——译者注

在93岁去世之前，他给同样是海洋学家的儿子留下了这样的话：

> 临死之际，
>
> 支撑我生命最后一刻的，
>
> 是对这之后会发生什么的
>
> 无限好奇心。

虽然是科学家，但在内心深处的某个角落，他应该相信存在"死后世界"。

顺便一提，巧妙地避开正面回答，却给世间留下无限遐想的，是神学家兼医生阿尔伯特·施韦泽[1]。

被问及"对你来说，死亡意味着什么"时，他这样回答：

> "对我来说，死亡就是再也听不到莫扎特音乐了。"

---

1. 阿尔贝特·施韦泽（Albert Schweitzer，1875—1965），人道主义者。在哲学、医学、神学、音乐四大领域均拥有出色才华，成就卓越。提出"敬畏生命"的伦理学思想。1913年在非洲加蓬建立丛林诊所，从事医疗援助，直到去世。1952年获得诺贝尔和平奖。——译者注

讨论死亡的三个视角

回顾人类历史，讨论死亡的书籍不胜枚举，这些书大致可以分为三类：

第一类，从宗教的视角讲述"死后的世界"。

其中最有名的是《西藏生死书》[1]，这本书详细讲述了死者在"死后的世界"中会有怎样的体验，以及应该如何应对等。同样的书还有《埃及亡灵书》[2]等。

此外，各大宗教都以"死后世界"的存在为立论依据，比如基督教的"天国"，佛教的"极乐净土"等。

第二类，从科学的视角阐述"不存在死后的世界"。

很多人认为，我们的意识不过是肉体的一部分，也就是大脑活动的产物。肉体的生命活动一旦终结，大脑的功

---

1. 《西藏生死书》(*The Tibetan Book of Living and Dying*)，藏传佛教宁玛派上师索甲仁波切所著。描述了人死后灵魂的旅程，认为死亡并非终结，而是一个新阶段，称为"中阴状态"。在这个阶段，人类的意识将面对各种幻象和诱惑。如何正确引导自己的意识，对于灵魂的未来起着决定性的作用。该书讲解了中间状态的种种情境，教导人们如何避免陷入苦难，实现解脱和涅槃。——译者注

2. 或译为《死者之书》，是放在古埃及帝王陵墓和石棺供"死者"阅读的书。内容多是对神的颂歌和对魔的咒语，用来帮助死者渡过难关、得到永生。——译者注

能随之停止，意识随之消失，一切都将归于"无"。

第三类，从医学的视角暗示"死后世界"的可能性。

其中最具代表性的，是各种讲述濒死体验的书籍。

内容多是医学临床观察报告。濒死生还者在意识恢复后，报告了种种无法解释的体验。比如，在"死后世界"的入口处和神灵对话的体验；与已经去世的亲人重逢的体验；意识从肉体升离，在高处俯视的"灵魂出壳"体验；意识脱离肉体，看到了一般情况下无法看到的东西，等等。

以上三种视角虽然都真诚地讨论了死亡，但遗憾的是，它们都给人留下了进一步的疑问。

三个视角，都留下进一步的疑问

第一类，从宗教角度出发的书籍，明确主张"死后世界"的存在，并要求人们相信它。但对于科学视角下的质疑，比如"死后的世界"为何存在，如何存在，并没有解释。这些问题依旧被包裹在神秘的面纱里，无法深入。

第二类，从科学角度出发的书籍，主张"死后的世界"是不存在的。有史以来无数的人经历过的不可思议的事件和神秘现象，大多被解释为单纯的错觉、幻觉，甚至是脑神经的错误作用。科学对于为什么会发生这些现象，也没有提供更深入、科学的解释。

第三类，从医学角度出发的书籍，肯定"濒死体验"，并认为存在"死后世界"的可能性。这些书籍尽量在科学、客观的基础上，还原不可思议的体验，但对于为什么会发生这种现象，也同样没有给出科学解释。

如上所述，古今东西讨论死亡的书籍，无论是宗教的、科学的还是医学的，都真诚地探讨了死亡和"死后的世界"。遗憾的是，读过的人，会产生更多的疑问。

"存在死后的世界吗？"三种回答

开始这个话题之前，我想先问问你对这个问题的看法：你相信"死后世界"的存在吗？

这是我们人生中最重要的问题，也是困扰每个人的问题。如果有人问你是否相信"死后的世界"，你会怎么回答呢？

根据不同回答,我们大致可以区分出三种立场。

第一种是"死后世界的科学主义否定论"。这是现代科学的主张,认为意识随着肉体的死亡而消失,一切归于无。

第二种是"死后世界的宗教主义肯定论"。正如自古以来许多宗教主张的那样,肉身死后,意识不灭,意识将在"死后的世界"继续存在。

第三种,应该称为"死后世界半信半疑论"。有人虽然希望相信宗教所说的"死后的世界",但由于现代科学迎头否定"死后世界",所以无法确信"死后世界"的存在。

恐怕,很多现代人的立场,都属于第三种。

关于这一点的讨论,最有象征性的就是扫墓和参拜神社、佛阁了。

比如,当被问及"你相信死后世界的存在吗"时,那些即便回答"人死后归于无"的人,也会每年去扫墓,并在墓前对去世的父母说"承蒙庇佑,家人都过得很好"之类的话。

另外,当被问到"你相信神佛的存在吗"时,那些即便回答"不,我认为不存在那样的东西"的人,一旦家人得了重病或遭遇重大变故,也会去寺庙参拜,祈求治愈疾病、恢复健康，祈祷家人平安。这种情况也不少见。

那么，为什么会有如此多的"死后世界半信半疑论者""神佛存在半信半疑论者"（也就是持第三立场的人）呢？

直截了当地说，很多人虽然在深层意识的某个地方，持的是"相信死后世界存在"，"相信神佛的存在"，但由于现代科学明确否定这种想法，他们不得不在表层意识上塑造起另外的观念，也就是"不存在死后的世界""不存在神佛"。

世界真是奇妙。

必须承认，迄今为止，科学为保护人类的生命和健康，为人类生活的便利和舒适，做出了很多贡献。科学取得的卓越成就，有目共睹。

作为结果，在现代社会，科学成为对我们的意识产生最大影响力的那个存在。

那么，为什么现代科学否定"神秘现象"和"死后世界"呢？

接下来，让我们一起进入探索之旅。

第二章

现代科学的三大局限

分析导致看不见本质

刚才，笔者用了"现代科学"这一说法。

原因是，在人类文明数千年的历史中，近代科学的历史只有短短几百年。我们现在所称的"科学"这个东西，确实取得了了不起的成就，但它仍然存在各种各样的局限。

其中很大的一个局限是，现代科学还无法解释意识的本质到底是什么。原因在于，现代科学是一种唯物论科学。

也就是说，现代科学的立场是，世界的本质是物质。无论是生命、生物，还是意识、心灵、精神，都是物质通过复杂的物理、化学反应产生的。科学一直站在唯物论立场上。

换言之，一切都可以用物质的属性来说明，即物质还原主义。

唯物论科学认为，意识是物质的产物。我们的意识、心灵、精神，都是人体大脑这个部位的神经细胞引发的化学以及电波反应的产物。

由此，唯物论科学坚持认为，如果肉体消失了，意识也会消失。人死后不会再有意识。因此，也不存在死后世界。

我们的读者，大多将现代科学的这一观点视为绝对教义。

但是，被称为"唯物论科学"和"物质还原主义科学"的现代科学，早在几十年前，就面临着极限挑战。

三位诺贝尔奖得主的批判

现代科学面临的第一大挑战，是"要素还原主义"的局限性。

所谓"要素还原主义"，是指这样一种观点："为了判明某个对象的性质，首先要将对象分解成小的要素，然后对各个要素进行详细分析，最后，将得到的分析结果进行综合，这样就能判明对象的性质了。"

事实上，自17世纪法国哲学家勒内·笛卡尔发表《方法论》以来，科学一直立足于"要素还原主义"。

近年来，由于其局限性越来越明显，作为超越"要素还原主义"的科学方法，"复杂系统科学"（Complexity Science）开始受到关注。

　　"复杂系统科学"是在对现代科学立足的"要素还原主义"进行根本性批判的基础上诞生的。简单说，就是"当事物变得复杂时，再对复杂对象进行要素还原主义式的分解、分析、综合，对正确理解对象的性质，不再奏效"。

　　举个例子，想要理解飘浮于秋空中的鳞状云的性质，即使取来那朵云拆解，也不过是水蒸气的凝结而已，鳞状云的性质消失无踪，无法理解。同理，想理解水蒸气的性质，你可以提取水分子，但水蒸气的性质却消失了。为了理解水分子的性质，你还可以继续将其分解成一个氧原子和两个氢原子，但你依旧不能理解水分子的性质。

　　同样，想要了解"意识""心灵""精神"这些东西的本质，仅仅解剖大脑，仔细调查神经细胞的运作，也是绝无可能了解的。

　　关于"复杂系统科学"，拙著《了解复杂系统》和《首先，改变世界观》中有详细论述，上面的解释，来自对书中要点的引用。

　　20世纪80年代以来，位于美国新墨西哥州圣塔菲的"圣塔菲研究所"，一直在从事复杂系统科学相关研究。该研究所以三位诺贝尔奖得主为核心，创办于1984年。包括诺贝尔物理学奖得主默里·盖尔曼、菲利普·安德森，诺贝尔经济学奖得主肯尼斯·阿罗。今天，来自世界各地的优秀学者会聚于此，继续进行着跨学科的研究。

现代科学没有正面接纳圣塔菲研究所提出的"要素还原主义"批判，唯物论科学和物质还原主义科学依然是科学的主流，用以解释意识活动。这导致现代科学至今无法阐明意识的本质。

"物质"在微观世界消失

现代科学面临的第二大挑战，是"物质消失"问题。

唯物主义科学的立场是，世界上的一切都可以用"物质"的属性来解释。吊诡的是，如果深入现代最尖端科学——特别是量子科学的前沿，就会发现，"物质"本身并不是稳固的存在，它具有不确定性。

用日常感觉来观察眼前的世界，所谓的"物质"，就是可以看到、可以触摸的东西，它明确"存在"，具有"质量"和"重量"。因为存在，"位置"也是明确的。但如果在极微小的层面，比如，比原子小得多的"基本粒子"的层面来观察世界的话，用日常感觉捕捉到的那种

"物质",就会"消失"。

最具代表性的,是基本粒子之一的"光子"所表现出的"粒子和波动的双重属性"。

这种属性在量子科学的教科书中经常被提到。光的实体——光子,根据观察方法的不同,有时表现出粒子的性质,有时表现出"波动"的性质。换言之,即便我们认为光子是"极微小的物质""极微小的粒子",但实际上,它呈现出"波动"的性质。你说它是"物质"吧,但我们甚至无法测定它的"位置"。

在量子科学创立初期,让阿尔伯特·爱因斯坦、维尔纳·海森堡等众多科学家烦恼不已的"粒子和波动的双重属性"问题,至今仍被视为量子科学的根本"悖论"。

另外,爱因斯坦提出的"相对论"(Theory of Relativity)中,经常出现"$E=mc^2$"这个方程式[1],即拥有质量为"m"的"物质",可以转换为相当于"mc^2"的"能量"。

---

1. 质能方程 $E=mc^2$,由阿尔伯特·爱因斯坦提出。E表示能量,m代表质量,而c则表示光速(常量,c=299 792.458 km/s)。在狭义相对论中,能量概念有了推广,质量和能量有确定的当量关系,物体的质量为m,则相应的能量为$E=mc^2$。——译者注

换句话说，我们称为"物质"的东西，其实都是一团"能量"。存在于眼前的"物质"，无论它看起来多么坚固，归根结底都是一团"能量"。

最具象征性的，就是原子弹。这是一种大规模杀伤性武器。它让铀和钚这两种可裂变的物质，通过连锁核反应，瞬间转化成巨大的能量。

同理，原子能发电的实用化，也是基于"物质"的本质是"能源"这个基本原理。铀和钚这些"物质"通过核裂变，可以瞬间转化为能量。

或许你会感到惊讶，在量子科学中，被认为什么都不存在的"真空"，实际上，却并非"无"。

"量子真空"（Quantum Vacuum），是一个潜藏着巨大能量的场域。这里也是基本粒子诞生和消失的地方。

也就是说，这里存在某种被认为是"物质"的东西，从真空（无）中产生，又回到真空（无）。真是不可思议的过程！

如此，在现代科学中，"唯物论科学"和"物质还原主义科学"借以立足的"物质"，实际上是极其模糊的存在。与之相反，量子科学认为，世界的本质不是"物质"，而是"波动"，是"能量"。

现代科学无法解释很多"不可思议"

现代科学面临的第三大挑战，是对很多神秘事件无法作出解释。

现代科学对很多现象，无法解释为什么。在此列举几例。

第一，是"自然常数奇迹般整合"现象。

我们居住的宇宙中，代表宇宙基本属性的"自然常数"是一连串"奇迹般的数字组合"。

具体来说，重力和电磁力的强度，质子和中子的质量大小等数字，如果差0.1%，这个宇宙就不可能以适合生命诞生的形态存在。现代科学无法解释，为什么宇宙的自然常数呈现如此奇迹般的数字组合。

第二，是"量子纠缠与非局域性"现象。

这是一种不可思议的性质。相互纠缠过（Entanglement）的量子，即使被分离到宇宙的两端，其中一方表现出某种状态，另一方会瞬间表现出相反的状态，信息传递速度比光速更快。这违反了爱因斯坦的"相对论"。现代科学无法解释这种被称为"非局域性"（Non-Locality）的量子性质。

第三，是"达尔文主义的局限"问题。

达尔文认为，生物进化是由基因突变和自然淘汰引起的。然而，像人类这样高度复杂的生命体的诞生，需要远超过地球年龄（46亿年）的时间。在现实中，人类在数十亿年的地球时间里就诞生了。这个谜团，现代科学无法解释。

这些只是很小一部分例子。现代科学无法解答的问题还有很多。

现代科学迄今仍无法解开"意识之谜"

根据这些事例，我们了解到，现代科学既非万能，也非荒谬，它存在局限性，对很多谜题至今仍然无法作答。

如果是这样，我们就不应该无条件地相信现代科学的结论。比如，暂时抛掉"因为现代科学否定，所以不存在神秘现象和死后世界"这样的成见，首先，虚心地观察我们生活的这个世界。

现代科学面临的最大难题之一，是"意识之谜"。

在"意识之谜"中，最根本的问题是，现代科学无法解释：从"物质"到"意识"的过程，是如何进行的。

现代脑科学将其解释为"意识是在脑神经的作用下产生的",但很多科学家和哲学家对此存疑。

最受关注的一项研究是:"物质在其原初维度上,是否具有意识"?针对这个问题,研究者不打算拥抱勒内·笛卡尔以来的思考方式,即理所当然地将"物质"与"意识"对立起来,而是转换想法,认为在"物质"的本源性构成要素——也就是量子和基本粒子这个原初维度上——就存在"意识"。

笔者认为,这一研究假设极具说服力,它是解开"意识之谜"的钥匙。它的意义,将在本书后半部分详述。

每个人都体验过的"意识的奇妙现象"

综上所述,现代科学无法从基本维度解释"意识之谜"。因此,现代科学也无法解释我们在日常生活中体验过的"意识的奇妙现象"。

"视线感应""以心传心""预感""预知""应验""既视感""同步性",这些现象,在你的人生中,应该不止一次地经历过吧。

首先是"视线感应",是指在日常生活的某个瞬间,突然感觉到某种视线，朝那个方向望去，发现确实有人在看着自己。

所谓"以心传心"，是指人们在不使用任何语言、不使用任何沟通手段的情况下，了解对方的想法，或者彼此思考着相同问题的体验。

例如，长年相伴、性情相投的夫妻之间，即使不说话，也能知道对方此刻的感受和想法，同时说出同样的话，这样的情况很常见。很多夫妻都有过类似的体验。心理学研究报告还指出，在双胞胎兄弟姐妹之间，这种"以心传心"的现象非常普遍。

所谓"预感"，顾名思义，是指事先感觉会发生什么好事或坏事的体验。例如，当你觉得"有不好的预感"、"忐忑不安"之后，真的发生了麻烦。还有，经常出入赌场的人，"预感"力比较发达。这些事情，大家日常都在体验。

比"预感"更明确、更具体地感知未来事件的体验，被称为"预知"。有"预知"体验的人比有"预感"体验的人少，但笔者经常遇到有这种体验的人。而且，笔者自己也有过极具象征性意义的"预知"体验。关于这一点，我将在第三章中详细讲述。

　　"应验"是指，通过算命先生或占卜师，或者自己动手进行"占卜"，预测未来，结果，不可思议地应验了。笔者对"应验"也有过很经典的体验。

　　"视线感应"和"以心传心"是发生在当下的体验，"预感""预知"和"应验"是面向未来的体验。而"既视感"，是过去的记忆和当下情景重叠的体验。

　　这种"既视感"体验，在法语中被称为"Deja Vu"（已经见过）。是指在日常生活中，不经意间看到某个景象，突然间觉得"啊，过去曾经见过和这个完全相同的景象"。据说这种"既视感"多见于青少年时期，你应该也体验过一两次吧。

　　最后是"同步性"（Synchronicity）体验，日语中被翻译成"共时性"。比如，某次聊天中提到某人时，正好那个人打来了电话。或者，你正坐在咖啡厅为某个问题烦恼，偶然坐在邻座的客人，聊起了这个话题。类似这样的体验。

无法解释的东西就不存在？

　　类似"视线感应""以心传心""预感""预知""应

验""既视感""同步性"这些东西，我们每个人在日常生活中都有所体验，古今东西无数人都体验过，描述过。现代科学至今无法解释这些现象。

而且，现代科学认为无法解释的东西就不存在，因此将这些奇妙的意识现象全部视为单纯的偶然、单纯的错觉、某种臆想、一种幻觉、脑神经的错误作用，试图用这些说辞来了结争论。

确实，无数人体验过、报告过的"意识的奇妙现象"中，有些可能是单纯的偶然、某种臆想，有些甚至就是魔术、欺诈之类的东西。

不可否认的是，排除这些因素后，确实存在无法用偶然、错觉、臆想、幻觉等来解释、确凿无疑的"奇妙的意识现象"，这也是事实。

日本有句谚语，叫"爬，也是黑豆"。说的是，两个男人看着榻榻米上的黑色物体，争论着。

"那是黑豆。""不，那是虫子。"

就在他们争论的时候，那个黑色的东西开始爬动。

一个男人看到后说："你看，在爬，应该是虫子吧？"另一个男人固执地坚持："爬，也是黑豆。"

现代科学对无法解释的意识现象所表现出的姿态，笔者觉得，就像这个主张"爬，也是黑豆"的人。这是一种顽固立场，无论经历多少意识奇妙现象，还是认为"用现在的科学解释不了的东西，就不存在"。

如果科学是以探究世界的真相为目的的话，它就应该去研究这些神秘的现象到底是如何发生的。我们应该以谦虚的态度，真诚地审视、探索，建立研究假设，对其进行验证。

这是笔者，一个长年走在科学研究道路上的人的想法。

笔者为什么要提这样的建议呢？本书能指明某种方向性吗？为此，笔者有必要介绍一下自己作为科学工作者走过的路。

笔者于1970年考入东京大学，为学习科学技术，进入工学部学习，获得当时的尖端科学——核工程方向的博士学位。后来在美国的国立研究所从事研究工作，还担任过国际原子能学会的委员。笔者是受科学训练的科学工作者，本质上是站在现代科学立场上的人，也一直认同唯物论科学和物质还原主义论科学。

基于这样的人生经历，笔者很自然地坚持唯物论思想和世界观，对于"死后的世界"，也一直抱着"那样的东西不存在"的信念。就这样，活到了三十多岁。但是随后遇到的一系列体验，对笔者以往的思想和信念产生了巨大动摇。我将在接下来的第三章中具体讲述。这些体验很多人都有过。

　　现在的笔者相信，一直被现代科学认为是臆想和幻觉的神秘意识现象，的的确确存在。

第三章

笔者人生中不可思议的体验

在极限状况下预知考题的"直觉"

在笔者的人生中有很多无法解释的体验，它们常常以象征性或戏剧性的方式出现。

这些经历，让持有唯物论思想和世界观的笔者的思想和信念产生了巨大动摇。年过三十以后，我开始感到，无法否定意识的超常现象。现在回想起来，我发现这种无法解释的体验在我的青少年时期就有了。

首先，请允许我介绍堪称奇迹的"直觉"体验。那是笔者参加大学入学考试的经历。

顺利通过初试后，迎来了复试。那天清晨，笔者感到腹部一阵剧烈的疼痛，醒了过来。那是名副其实的绞痛，我几乎晕倒。一大早赶来的医生说："如果是肠绞痛，就有生命危险。"建议马上住院。

听了医生的话，笔者绝望地想："啊？难道我连考试都参加不了，就要复读吗……"为什么这么说呢？因为我参加应届高考，只填报了一所大学，志愿表也只有一份。如果落榜，就打算复读，再次挑战那所大学。

在这种极端状况下，在家人鼓励下，笔者决定至少要参加考试。我从医生那里拿了大量的镇痛剂，忍着剧痛走向考场。

当时的心情，笔者至今还清楚地记得。我真心相信："不管怎样，先在考卷上写点什么吧，只要写出来，奇迹就会发生。"

当然，这是一所即使以最佳的身体状态去考，难度系数也很高的大学，但当时的笔者除了相信奇迹之外，没有别的办法让自己振作。

我吃下镇痛剂，硬撑着在各科目的考卷上写答案。到了午休时间，不可思议的事情发生了。

因为身体不佳，我没吃午饭。休息的时候，我也只是坐在椅子上，忍受着疼痛，让身体缓和一下。当我意识到下午的科目是"世界史"时，一个念头从内心涌现："对了，在这段休息时间里，哪怕一个专题也好，复习一下世界史的参考书吧。努力到最后……"

我拿起带来的世界史参考书。这本参考书将世界史分为各个专题，整理成200项左右的内容。在剩下的时间里，我大概只能阅读一个专题。我决定把打开的那一页的内容记一下，于是随意翻开一页。

那一页的条目是"中国货币变迁史"。

于是，我把那一页的内容读了一遍，记在脑子里，回到考场。

发放考题了。开始的铃声响起，我打开考题。一看，考题上写的，竟然就是一道"谈谈中国货币变迁史"的自由论述题。

在堪称最差的身体状况下，我总算考上了理想的大学。这多亏了"世界史"这一科目。不可思议的偶然。

我从200多个专题中随机选了一个专题。这个专题竟然就是考题。这仅仅是偶然吗？还是说，笔者的无意识和某种东西产生了连接，因而感知到了那道考题呢？

奇迹般地被引导到出租别墅的"以心传心"

那是1997年的事。

当时，笔者经常周末驾车出游，去富士山一带。我于是考虑成为当地一家出租别墅的会员。因为租赁别墅的会员价格比较便宜，可以用来周末度假。考虑再三，我决定申请成为会员，办理了临时合同手续。

办完手续，离开出租别墅的办公室。开车行驶在森林里的时候，一个疑问涌上心头。那就是："签这份合同真的合适吗？"

　　带着这个疑问，我继续开车。前方，一家咖啡店映入眼帘。一瞬间，我仿佛听到了什么声音。一个想法从内心冒出来："对了，走进这家咖啡馆，问问店主对这家出租别墅的评价。如果老板的评价是负面的，就重新考虑合同吧。如果不是，就签正式合同。"

　　抱着这样的想法，我走进店里，点了咖啡，然后瞅准时机，开口询问："主人家，那栋出租的别墅怎么样？"店主立刻答道："客人，与其租那家别墅，不如租我家的别墅，好吗？其实，我想把我的旧别墅租出去，今天早上，刚刚在店门口贴了一张照片。"

　　真是不可思议的偶然。

　　笔者在那天考虑成为出租别墅的会员，还签了临时合同。同一天的早上，这家店的主人也打算将自家别墅出租，还在店门口挂上了照片。接着，笔者被内心深处的声音引导着，走进了这家店。

　　因为不可思议的偶然，再加上店主的盛情，结果，我以特别优惠的价格租下了他的别墅。笔者的无意识和店主的无意识之间，也算是一种"以心传心"吧。

　　而且，这个故事还附带"避祸"的不可思议性。后来我才知道，经营会员制出租别墅的那家公司，之后发生了不少合同方面的纠纷。在林中，笔者内心深处涌出的想法，或许是对危机的"预感"和"预知"。

说到"预感"和"预知"，笔者还有过其他戏剧性体验，那就是"预知"未来将要发生的事情。

提前两年，无意中拍到美国住所的"预知"

那是1985年的事。

因为工作的关系，笔者访问了位于美国华盛顿州R市的国立实验室。周五结束工作，打算回酒店度周末。这时，在该研究所工作的一位美国朋友邀请我去兜风。

在兜风的过程中，朋友说要给熟人送东西，于是顺道去了市内的一个住宅区。在他送东西的时候，我拿出相机，下了车，随意拍了几张照片。

那几张照片在回国后，和其他海外出差的照片一起，被存进了相册里，然后就从我的记忆中完全消失了。

两年后的1987年，应美国政府的邀请，笔者以客座研究员的身份进入该研究所工作。到任后，我在R市找了一处住宅，住了进去。

即将结束一年半的工作，打算收拾行李回国的时候，偶然间看到那个相册。于是，我找出过去海外出差时的照片，以怀旧的心情翻看着，忽然，有一张照片映入眼帘，那一瞬间，我大吃一惊，目光牢牢地钉在了上面。

那是三年半前兜风时，无意中拍下的几张照片中的一张。

那张照片，照的是一栋住宅的正面。令人惊讶的是，这栋住宅正是我现在住的房子。

这仅仅是偶然吗？

在兜风的过程中，我无意中拍下了一栋住宅的照片。在市内无数的住宅中，我下意识地拍了这一栋。到任后，我在无数的住宅中偶然找了一栋，住了下来。而这两栋房子竟然是同一个房子。

这仅仅是偶然吗？还是自己的无意识"预知"了即将在美国工作，而且即将住在那个房子里？如果是这样的话，那个"未来"，是注定的吗？

像这样"预知未来"的奇妙体验还有很多。下面这个例子也极具象征意义。

"预知"半年后的跳槽地点及其办公大楼

那是1989年的夏天。

因工作需要，笔者在东京市内搭出租车。从赤坂见附开往弁庆桥方向，迎面而来的一座建设中的高层大楼，映入眼帘。不知为何，我被那栋大楼吸引，从座席上探身问道："司机先生，那栋大楼叫什么?"司机回答："啊，那是纪尾井町大厦。"

我自己也不知道为什么要问这个问题。参加工作后的九年间，坐出租车的次数不下几百次，但无论之前还是之后，都没有问过任何大楼的名字。我为什么单单对这栋大楼感兴趣呢? 真是不可思议。

同年12月，有人邀请我参与某智库的创设。经过深思熟虑，我决定离开当时的公司，跳槽到那家智库。决定跳槽之后，我突然很在意，问正在筹建智库的人事部长："对了，这个智库的总部设在哪里?"部长的回答让笔者难掩惊讶之色。因为他是这样回答的："哦，总部就设在纪尾井町大厦。"

难道这也是单纯的偶然吗? 还是笔者无意中"预知"到自己即将跳槽，而且该公司总部将设在纪尾井町大厦?

另外，"预感"这种体验在世上也是存在的。"预感"与"预知"不同，但都是关于感知未来事件的。下面介绍一二。

无意识中避免高速公路重大事故的"预感"

第一件发生在1985年。

当时，笔者每个周末都会开车去湘南的朋友家，和朋友长聊，然后再开车回东京的家。我想在12点之前回到自己家，所以习惯在晚上10点跟朋友告辞。有一天晚上，并没有谈特别重要的事情，但不知为何，聊天一直持续，我就是不想站起来。

我脑子里想着"过十点了，该回家了"，但不知为何，那天晚上我没有马上回家的念头。又过了一个多小时，十一点多的时候，我终于想回去了。告辞后，向东京出发。当我像往常一样开车上东名高速公路时，看到了可怕的一幕：道路变成了一片血海。那是刚刚发生严重车祸的现场。我转过视线，驶离事故现场，回到了家。

第二天，报纸上刊登了一则汽车事故的报道。有人在跨越高速公路的立交桥上跳桥自杀，导致一辆汽车翻车，受损严重，司机被甩出车外，身受重伤，最后不治身亡。

从那篇报道中得知事故发生时间的瞬间，我感到背脊一阵发凉。那个时间，正是我平常开车经过那个地方的时间。

在那一瞬间，我明白了，为什么只有昨晚，我不想马上回家。结果，推迟了出发时间。大概是某种"预感"，告诉了我这次事故吧。多亏了这种"预感"，我才得以幸免于难。

自古以来，世间就流传有"不祥的预感""不好的预感"这样的说法。不知为何，对于即将到来的危机或者潜伏的危险，人有某种防患于未然的"预知能力"。

有时候，人被赋予"预感"能力。这时候，往往会听到内心深处传来的"声音"，或者涌上来某种"感觉"。我的那次体验，就是这种类型的"预感"体验。

关于"预感"，笔者还有一次更戏剧化、更不可思议的体验。

两年后航天飞机爆炸的"预感"

那是1983年的事情。

当时，日本政府决定参与美国的航天飞机计划，日本宇宙开发事业团决定在国内招募并选拔搭乘该航天飞机的日本第一个宇航员。

笔者得到所在公司社长的推荐，也应征了。在繁忙的工作之余，我整理了各种应聘材料，年底前递交了申请。第二年，也就是1984年，第一次审查结果以信函的形式寄来了。

这次招聘竞争激烈，再加上我视力不好，某种程度上，我已经预料到落选的结果。打开那封通知单，确认结果是"不合格"的瞬间，不知为何，全身上下泛起某种"不祥的预感"，那种感觉明明白白地在说："这个项目的进展，不会顺利！"

就像刚才说的，某种程度上，我已经做好了落选的心理准备，因此也没有感到深深的沮丧，但为什么这种感觉会笼罩全身呢？我自己也不知道理由。我心里嘀咕："因为悔恨交加，所以才那样想的吧……"随后，便不再去想那种感觉的含义了。

当天晚上回老家，向母亲报告落榜的消息。我又看到了令人吃惊的画面。母亲是一个很会画画的人。她希望儿子能成为宇航员，所以特别画了火箭的画。当笔者看到那幅画时，眼前一惊。母亲画的火箭，不知为何，从顶端向天空喷出火来。

看到这幅画，我不由得说："妈，火箭是向下喷火的哦。"母亲也说："啊，是啊。"对于自己为什么画了一幅会向天空喷火的火箭，她似乎并没有太在意。

当时，结合开封通知书时的感觉，笔者对这幅不可思议的画有一种难以名状的感觉，但并没有深究。在每天忙碌的工作中，应征的事很快就被忘到了脑后。

然而，两年后的1986年1月，笔者翻开报纸的瞬间，理解了当时奇怪的感觉和那张图画的意味。报纸头版，报道的是前一天——1月28日，美国肯尼迪航天中心发生的"挑战者"号航天飞机爆炸事故。七名机组人员遇难。这一悲惨的事故导致整个项目延迟了近三年。

这也是笔者有过的、堪称戏剧性的"预感"体验。

顺便一提，在当时531名应征者中，最终被选中的，是后来搭乘航天飞机上太空的毛利卫、向井千秋、土井隆雄三人。

以科学家的立场来解释不可思议的事件

走在路上，被一栋公寓吸引。这是为什么？我想知道原因，但没有头绪。几个月后，我与一位企业家结缘，被邀请到他家。他的家，就在那栋曾经吸引我注意的公寓。

看电视，一个人在上节目。看着那人，突然，内心深处一种感觉涌上心头："和这个人，好像有什么缘分哟……"不久，在熟人的介绍下，我和那个人见了面。

早上起床，脑海中浮现出"最近A怎么样了"的念头。结果，那天A发来了久违的短信。

和别人聊天，偶然提到了B。这时手机响起，拿起来一看，正是B打来的。

不经意中看表，发现电子表以不可思议的高概率，显示出自己生日的数字。

在笔者的日常生活中，这种无法解释的事情数不胜数。但我绝不认为，这是因为笔者拥有什么"超能力"或"通灵能力"。实际上，人类数千年历史中，无数人体验过这样的事情，也有很多有识之士研究过这样的事情。但直到今天，对于为什么会发生这些无法解释的事情，无论是科学家还是宗教家，谁都没有给出令人信服的答案。

作为一名从事原子能和量子物理学研究的科学家，笔者想尽可能用理性的方法去追究这种现象背后的原因，搞清楚"科学还不能理解的是什么"。

对这些匪夷所思的现象，科学真的无能为力吗？

笔者多年来一直抱有这些疑问在求索，终于找到了一种科学解释。这是现代科学最前沿——量子物理学（Quantum Physics）提出的一个有趣的假说。

第四章

零点场假说

"无"中孕育出森罗万象的"量子真空"

所谓"零点场假说",用一句话来概括,就是在宇宙普遍存在的"量子真空"中,有一个被称为"零点场"的场域,零点场记录并保存了宇宙所有事件的所有信息。

从笔者从事的专业量子物理学的观点看,宇宙中存在被称为"量子真空"的东西,场内充满"零点能量"。这一点,已经被证实了。

那么,"量子真空"是什么呢?为了说明这一点,有必要从宇宙起源说起。

问:我们居住的这个宇宙是什么时候诞生的?

答:现代最前沿的宇宙论认为,宇宙诞生于138亿年前。

问:在那之前,有什么?

答:什么都没有。只有"真空"。

这个"真空"在专业术语中,被称为"量子真空"。"量子真空"在某个时候,突然产生了"波动",并在瞬间产生了极微小的宇宙,它开始急剧膨胀。佐藤胜彦和阿兰·古斯等人提出的"宇宙暴胀论",就是讨论这一过程的科学理论。

之后不久，这个宇宙的萌芽引发了大爆炸，诞生了现在的宇宙。乔治·伽莫夫等人提出的"大爆炸宇宙论"，是讨论这一过程的科学理论。紧接着，发生了大爆炸的宇宙，以光速膨胀，经过138亿年时间，成为今天这个规模的宇宙。

在宇宙的某个角落，诞生了太阳这颗恒星，在它的一颗行星——地球上，诞生了各种各样的生命，形成了丰富多样的生态系统，最后，诞生了我们人类。

如此这般，如此宏大的宇宙、森罗万象的宇宙，全都诞生于"量子真空"。

蕴含无限能量的"量子真空"

也就是说，在"量子真空"中，潜藏着足以产生如此宏大宇宙的巨大能量。而且，这种"量子真空"现在也普遍存在于我们身边，存在于宇宙的所有地方。换句话说，在我们生活的这个世界的"背后"，存在着一个被称为"量子真空"的、充满无限能量的世界。

设想一下，即使将包括空气在内的所有物质都从密闭的容器中吸出，使容器处于完全的"真空"状态，这个

"真空"中仍然藏着巨大的能量。这种能量在量子物理学中被称为"零点能量"。这确乎超出了我们的常识。

那么，这种巨大的能量，究竟有多大呢？

对此，有各种各样的估算。例如，根据诺贝尔物理学奖得主理查德·费曼的计算，一立方米的空间中潜藏的能量，足以沸腾全世界所有的海水。另外，最新"量子真空"研究还提出了这种能量是"无限"的理论。

那么，为什么"量子真空"中的"零点场"能记录宇宙中所有事件的所有信息呢？这个假说认为，这些信息是作为"波动信息"记录在"零点场"中的。而且是利用了"波动干涉"[1]的"全息原理"记录下来的。

这个世界不存在"物质"，一切都是"波动"？

从量子物理学的角度看，我们所认为的"物质"，其实都是"能量"和"波动"。而我们认为的"有质量和重量的物质""坚硬的物体"，实际上只是我们日常感受中的

---

1. 波动干涉的原理是指，两个或多个波相遇产生的干涉现象。当两条波同时到达同一点时，它们会相互叠加并形成新的波形。这种波的叠加可以在相位相同或相位相反的情况下发生。——译者注

"错觉"。

我们认为，自己的身体和这个世界，都是作为明确的"物质"客观存在的。但实际上，我们的身体和这个世界都是由原子构成的，而原子又是由电子、质子、中子等基本粒子构成的。这种基本粒子的本质，实际上是"能量的振动"，是一种"波动"。

所以，从量子物理学的角度看，我们日常生活中感受到的"物质"，本来并不存在。例如，用铁棒敲击玻璃，感觉它是"坚硬的物体"，这是铁原子这一"波动能量块"与构成玻璃的硅原子和氧原子的"波动能量块"相互排斥导致的。也就是说，无论我们眼前的世界看起来多么像"坚固的物质"，从量子物理学的微观视角看，一切都是"波动"。

不，还不仅仅是"看得见的物质"。我们所认为的"看不见的意识"，其本质也是能量和波动。我们的意识、心灵和精神，无论你把它看成是量子现象，或是脑内神经细胞的电信号，一切都是"波动能量"而已。

因此，宇宙的"所有事件"，无论是银河系的生成，地球这颗行星的诞生，罗马帝国的兴亡，还是你诞生在这个地球上，或是你今天早上的早餐，以及你觉得早餐好美味，一切的一切，从量子物理学的角度来看，本质上都是"波动能量"。

因此，"量子真空"的"零点场"把宇宙中发生的"事件"——"波动能量"——记录为"波动信息"，绝非无稽之谈。

这样说，你可能还是难以理解。我不揣冒昧，想用简单易懂的比喻来解释一下，"将波动能量记录为波动信息"到底是什么意思。

请想象，正在吹过平静湖面的风。这时候，风是"空气的波动"，它会在湖面上产生被称为"水的波动"的波浪。换句话说，风的波动能量的痕迹，会以"湖面波浪"这种波动信息的形式被"记录"下来。

如果湖面上有各种各样的风吹过，那么这一切都将作为"湖面的波浪"被"记录"下来。与此类似：零点场（湖面）将现实世界（湖面上）的"事件"（风）记录为"波动信息"（湖面上的波）。

在现实中，风和湖面的"波动能量"会衰减，波动的痕迹会随着时间消失。但是，零点场是"量子场"（Quantum Field），因此不会发生"能量衰减"，由此，被"记录"在"零点场"中的"波动信息"将永远留存。

"零点场假说"的合理性

零点场假说称，"零点场记录了宇宙中所有事件的所有信息"。也许，你会因为它的过于宏大而感到困惑，觉得难以置信。

但是如前所述，所谓"量子真空"，是一个蕴含无限能量的场。原本就是它，孕育出了如此浩瀚的宇宙。

请回想一下刚才提到的"大爆炸宇宙论"。该理论由乔治·伽莫夫提出，主张宇宙诞生于很久以前的大爆炸。当时就被很多科学家批判为"荒唐无稽"。但是，阿诺·彭齐亚斯和罗伯特·威尔逊等人通过对"宇宙背景辐射"[1]的观测，找到了"大爆炸宇宙论"的证据。

进而，在现代最尖端的宇宙论研究中，有一种理论叫作"平行宇宙论"。这是一种认为除了我们生活的宇宙之外，还存在多个宇宙的理论。在现代最前沿的科学领域，

---

1. 宇宙背景辐射（CMB，cosmic microwave background），是指来自宇宙空间背景上的各向同性的微波辐射。这种辐射源于宇宙大爆炸之后的初期阶段，可以帮助科学家揭示宇宙的起源、演化和结构。1964年，美国射电天文学家阿诺·彭齐亚斯和罗伯特·威尔逊偶然发现宇宙微波背景并着手开展研究，两人于1978年获得诺贝尔物理学奖。——译者注

某种意义上"荒唐至极"的理论正在被认真研究。

从科学发展的历史和现状看，笔者认为，"零点场假说"值得认真探讨。

顺便一提，很不可思议的是，很久以前就存在与"零点场"极为相似的思想。

譬如，佛教的"唯识思想"认为，在我们意识的深处，有一个被称为"末那识"[1]的意识维度，再往深处，有一个被称为"阿赖耶识"[2]的意识维度。这个"阿赖耶识"中被认为隐藏着世界上发生的事情的全部结果，以及生成未来的"种子"。

另外，"古印度哲学"中的"阿迦奢"[3]，被认为是"记录"宇宙诞生以来所有事物的所有信息的场所。

这些思想与"零点场假说"极为相似，前沿科学和古代思想之间为什么会出现这种不可思议的一致性？笔者将

---

1. 末那识，梵语，佛教术语，识的分类之一，是唯识宗（三藏由古印度传入）所说"八识"中的第七识。末那识的特点是思量，而第六识"意"的特点是识别。——译者注

2. 阿赖耶识是唯识学的核心范畴，又称为根本识、种子识，其他各识（眼、耳、鼻、舌、身、意、末那识）都由它生出。——译者注

3. 阿迦奢：印度语中虚空、空间、天空的意思，是印度哲学中宇宙构成五要素之一。五要素指：地、水、火、风、空。——译者注

在后面解释其中的缘由。

场中用"全息原理"记录"所有波动"

所谓"零点场假说"，是指在"量子真空"中有一个被称为"零点场"的场域，在这个场中，宇宙中所有事件的所有信息，会作为波动信息，以"全息原理"被"记录"下来。

那么，"全息原理"是什么？笔者从专业角度，说明如下：

全息原理是利用波动的"干涉"来记录波动信息的原理。改变相位的"波动"相互干涉，产生的"干涉条纹"会被记录下来，从而实现高密度的信息记录，同时也可以记录立体影像。

用专业术语来解释可能有些难懂，最通俗易懂的影像，是著名的科幻电影《星球大战》开头的一个场景：在主人公卢克·天行者面前，莱娅公主经由一个小小的投影机，生成了一个三维立体影像。这种显示立体影像的技术就是基于全息原理的全息成像技术。

本书的目的并不是对该原理进行科学解析，因此，在此仅对全息原理所具有的两大优点进行说明：

第一个特点是，使用全息原理，可以记录极高密度的信息。也就是说，在方糖大小的介质中，可以记录国会图书馆[1]所有藏书的海量信息。

因此，如果"零点场"用全息原理来记录宇宙事件，就有可能记录近乎无限的信息。

第二个特点是，使用全息原理进行记录，由于记录的信息保存在记录介质的"所有场所"，所以，就可以从介质的"一部分"中提取"整体信息"。现实中，记录了三维影像的全息摄影胶片，只要截取其中一部分，就能再现出整体影像。虽然分辨率较低，但可以再现。

因此，如果"零点场"用"全息原理"记录了宇宙事件的信息，那么只要连接到场的"一部分"，就可以接触到场中记录的"整体信息"。

综上所述，"全息原理"作为信息记录原理，是极其出色的。不仅如此，这个原理还是我们生活的这个宇宙和这个世界的底层原理。

---

1. 这里指的是日本国会图书馆。——译者注

这一原理对于现代科学解开种种谜团，具有重要意义。但如果要展开讲的话，就大大超出了本书的主题，只能留待其他机会再谈。

我们生活的这个宇宙和这个世界的"全息结构"，就是一个"部分中寄宿着整体"的神秘结构。自古以来，其本质已经被古老的智慧和诗人的神秘直觉所洞察。

例如，佛教经典《华严经》中讲到"一即多，多即一"的思想，英国神秘主义诗人威廉·布雷克也写过"从一粒沙中看出一个世界"[1]的诗句。

零点场中"波动信息"永久留存

在"零点场"这一"量子场"中，不会发生"能量衰减"。也就是说，在"零点场"中作为"波动"记录的信息，绝对不会随着能量的衰减而消失。换句话说，无论经过多少时间，都不会消失。因此，记录在"零点场"中的信息将会永存。

---

1. 从一粒沙中看出一个世界，一朵野花里看出一座天堂，将无限存于你的掌中，刹那间涵有无穷的边涯。——威廉·布雷克《天真的预示》——译者注

那么，这意味着什么呢？为了让大家理解这一点，我再打个简单易懂的比喻。

一直以来，就有业余无线电爱好者在获得法律许可后，个人开办无线电台。他们使用某一波段，发送和接收电磁波波动信息，并据此自由接送各种语音信息。例如，美国科幻电影《接触》中，演员乔迪·胡奥斯特饰演的主人公艾莉·艾洛威在小时候，就很喜欢用业余无线电与世界各地的人通话。通过无线电波可以接收地球另一端传来的信息，也可以向地球另一端发送信息。由于这种无线电使用的是"电磁波"，距离拉远，波动能量就会衰减。随着时间的推移，波动能量也会消失。但是，如果电磁波的波动能量绝不衰减的话，会发生什么呢？

在我们眼前的这个空间中，会有无数的波动能量漫天飞舞。也就是说，不仅是现在正在通信的自己和对方的信息，还有10年前自己的信息，50年前地球另一端发出的某人的信息，甚至迄今为止地球上以电波形式发出的所有电视、收音机的信息，都会作为"波动能量"即"波动信息"持续不断地传播下去。而且，如果我们能够将这些"波动信息"的频率调整到一起，我们就能够在瞬间接收从过去到现在发出的所有"波动信息"。

当然，在现实生活中，业余无线电、电视、收音机的信息都是通过电磁波传输的，会随着距离和时间的变化而衰减，绝不会发生这种情况。

但是，量子真空的"零点场"记录的信息是"量子波动"，所以不会发生衰减。因此，记录在场中的信息，是宇宙从过去到现在的所有事件的所有信息，只要"零点场"存在，信息就会永远留存下去。

因此，如果我们能够通过某种方法与"零点场"连接起来，那么我们就可以掌握宇宙从过去到现在发生的所有事件的所有信息。

说了这么多，笔者还有必要对"零点场"具有的更重要的、更不可思议的性质进行说明。

为什么场中也存在"未来的信息"

请不要惊讶，其实，在"零点场"中，不仅有"从过去到现在发生的事情"的信息，还有"未来将发生的事情"的信息。

听笔者这么一说，你马上就会提出以下疑问：

"刚才你说'未来将发生的事情'的信息——未来，

指的是'还没有到来'；因为还不存在，所以叫'未来'，对吧？"

的确，"未来"的意思是"还没有到来"，"过去"的意思是"已经发生了"。因此，我们认为"过去"是曾经发生过、存在过的东西，而"未来"则是尚未发生、不存在的东西。

这种"时间从过去朝着未来流逝"的感觉，是我们日常生活中的感觉。认为"未来是还不存在的东西"，也是"常识"。

笔者的日常感觉，当然也是如此。

但在"零点场"中，只要知道记录在那里的"从过去到现在发生的事情"的信息，就能知道"未来之事"的信息。换句话说，一旦我们知道了从"过去"到"现在"的所有事件的"波动信息"，实际上就可以对即将到来的"未来"之事——通过"波动信息"——进行预测。

下面，我用简单易懂的比喻来说明这一点。

从"现在的波动信息"得知"未来的波动信息"

现在，往平静的池塘里，扔进三颗石头。

这三颗石头会自然地在池面上掀起波浪，形成三个波轮。然后，波轮会随着时间扩大。如果知道现在这一瞬间这三个波轮的状态，那么，接下来它们会如何扩大，会如何相互影响，最后的形状是否会改变等问题，在某种程度上是可以预测的。另外，这三个波轮在池塘的岸边碰撞反射，会产生怎样的波浪，在某种程度上也可以预测。因此，当水面上有各种各样的波浪来回移动时，只要知道这些波浪现在的状态，就可以预测这些波浪将如何相互影响、相互变化。

同样，在"零点场"中，如果知道了"过去"和"现在"的瞬间的波的状态（波动信息），就可以在某种程度上预测"未来"的波的状态（波动信息），因此，"零点场"中存在的信息，不仅包括"过去"和"现在"已经发生的事情，实际上还包括"未来"的信息。

这种对"未来"的预测，在现实世界中几乎是不可能的。

因为在现实世界中，对"从过去到现在发生的事件"的信息，我们能有效攫取的，极其有限。

而"零点场"中存在着"从过去到现在发生的事情"的庞大信息，如果我们的意识能够与"零点场"相连，就会接触到海量信息，因此也可以察知"未来可能发生的事情"。

第三章中，笔者介绍过，1984年，我产生了"这个航天飞机计划不会顺利"的"不祥预感"。之后，正如我预感的那样，两年后的1986年，发生了航天飞机爆炸事故。实际上，这次事故的原因——"O形环缺陷"[1]问题，早在1977年，NASA（美国国家航空航天局）的高管们就有所察觉。遗憾的是，当时并没有采取有效的措施。

回到1984年的时间点上，笔者是不可能知道这些信息的。但如果笔者的无意识通过"零点场"接触到这些信息，就可能以"不祥的预感"的方式，觉察"未来可能发生的事件"。

像这样，在"零点场"中储存着"从过去到现在发生的事情"的庞大的信息，如果我们的意识与"零点场"连接的话，就可以接触这些庞大的信息，预知"未来可能发

---

1. O形环是助推火箭接合部的密封机构部件。1986年，"挑战者"号航天飞机升空后，其右侧固体火箭助推器（SRB）的O形环密封圈失效，毗邻的外部燃料舱在泄漏出的火焰的高温烧灼下结构失效，发射后的第73秒，高速飞行中的航天飞机解体，机上7名宇航员全部罹难。——译者注

生的事情"。

这就是我们的人生中会发生"预感""预知""应验"等奇妙际遇的缘由。

我们的"未来"和"命运"是已定的吗

笔者这么说，你会有进一步的疑问：

"零点场中不仅有'过去'和'现在'的信息，还有'未来'的信息，也就是说，我们人生的'未来'，已经全部被决定了吗？"

对此，笔者的回答是："不，我们人生的未来，并没有被决定。"

如前所述，"零点场"中存在的与"未来"相关的信息，它由"过去到现在发生的各种事件"的信息组合而成，是"若干可能发生的未来"的信息集。我们的意识通过连接"零点场"，"预感""预知"的未来，是各种未来中"最有可能发生的未来"。

因此，通过改变我们现在的行为，通过改变相关人员的行为，未来就有可能改变，出现"原本最可能发生的未来"之外的其他结局。

有人会做"预知梦",即在梦中看到未来发生的事情。做了"预知梦"之后,有时,梦会变现实;如果适时改变行动,可以避免梦境变成现实。以上两种可能性都存在。

前者的事例是暗杀林肯事件。美国总统林肯在被暗杀的一周前,梦见自己被暗杀,这是众所周知的事情。其实,林肯还做过另一个"预知梦",符合后者的情况。林肯梦见自己乘坐的船沉没了,于是他放弃乘船,结果,船果然沉没了,他本人幸免于难。

像这样,"零点场"中存在"从过去到现在发生的各种事件"的信息,也存在从这些事件的组合中产生的"可能发生的各种未来"的信息。

因此,如果我们的意识能够与"零点场"连接,某种程度上,我们就可以对"未来"进行"预感""预知""占卜"。

相对论认为过去、现在、未来是同时存在的

在讨论"未来"时,从最尖端科学的观点出发,有一点我们先要理解——也许你会感到惊讶,但笔者有必要提出来。

那就是，现代物理学如何理解过去、现在和未来？

实际上，**在现代物理学领域，过去、现在和未来是同时存在的。**

爱因斯坦在其划时代的巨著《相对论》中，将我们生活的三维"空间"加上第四维——"时间"，提出了四维"时空连续体"（Space-Time Continuum）的概念。在这个"时空连续体"中，过去、现在和未来被视为是同时存在的东西。

现代最前沿物理学家保罗·戴维斯将"时间"视为"时间景观"（Time-Scape）。如果我们打开画有"陆地景观"（Land Scape）的地图，所有的山川地形尽收眼底；如果我们打开"时间景观"图，宇宙的空间伸展和时间伸展（历史），也会一目了然。

在这个"时间景观"图中，过去、现在、未来是同时存在的。在"零点场"中，过去、现在、未来的信息恐怕就是以这样的"时间景观"图的形式存在的。

顺便一提，克里斯托弗·诺兰导演的科幻电影《星际穿越》，完美诠释了"时间景观"的壮丽图景。在这部电影中，演员安妮·海瑟薇饰演的主人公阿米莉亚·布兰德（她既是科学家，又是宇航员）说过这样一句话：

五维的存在，意味着可以像下山谷一样到达过去，也可以像登山一样到达未来。

当然，我们人类并不是"五维的存在"。但是，现代物理学对时间的理解方式，与我们普通人的日常感觉有很大的不同。因此，当听到有人说过去、现在和未来是同时存在的时候，不免会有强烈的不解。

但是一旦接受了这种认知，我们就能从完全不同的维度理解为什么会有"预感""预知""应验"等体验了。

你可能不信，如果过去、现在和未来以"时间景观"的形式同时存在，那么，我们不但可以通过改变现在的行为来改变未来，甚至还可以改变过去。

但这个话题大大偏离了本书的主题"死亡并不存在"，所以还是留待其他机会吧。

众所周知，爱因斯坦在与友人的通信中留下这样一句话：

对我们物理学家来说，过去、现在、未来都是幻影。无论它们看起来多么稳固，都只是幻影。

留待21世纪的科学来验证的"零点场假说"

以上就是现代科学最尖端的量子物理学提出的"零点场假说",以及基于这个假说的笔者的观点。当然,这个理论在目前阶段,还只是假说。

笔者希望,今后,"零点场假说"能够得到更多科学家的关注、讨论和验证。

讲完这些,大家可能会问:为什么我们的意识能够与"零点场"连接呢?为什么能够和场中记录的"宇宙所有事件的信息"相连接呢?

接下来,我们来讨论这一点。

第五章

为什么我们的意识会与『零点场』相连

诺贝尔物理学奖得主彭罗斯的"量子脑理论"揭开"意识之谜"

我们的"意识场",也就是意识的载体——大脑和身体,可以在量子层面上与"零点场"连接在一起。

因此,在大脑和身体处于某种特殊状态时,我们可以从"零点场"接收信息,并将信息传送到大脑和身体。也就是说,在特殊状况下,我们的大脑和身体可以连接"宇宙中所有事件的信息",以及"过去、现在、未来事件的信息"。

笔者这么说,你可能会大吃一惊。

确实,以日常感觉,很难理解这一点。但在现代尖端脑科学领域,支持这一假说的"量子脑理论"(Quantum Brain Theory)越来越受到关注。

这个理论是英国理论物理学家罗杰·彭罗斯提出的。他与被称为"轮椅上的天才科学家"史蒂芬·霍金一起,共同证明了"黑洞奇点定理"[1]。

---

1. 奇点是"大爆炸宇宙论"追溯的宇宙演化的起点,或称黑洞中心点。奇点是宇宙大爆炸之前宇宙存在的形式。它具有一系列奇异的性质,比如无限大的物质密度、无限弯曲的时空和无限趋近于0的(转下页)

彭罗斯获得了2020年诺贝尔物理学奖。他在"量子脑理论"中提出一个假说：我们大脑中发生的信息过程是"量子过程"。量子脑理论以此为起点，试图阐明大脑的工作原理和意识原理。

如果"量子脑理论"是正确的，即大脑的信息交流过程是量子过程，那么，大脑和"零点场"在量子层面的连接就是有可能的。从科学角度看，这是一种有一定合理性的假说。

在本章开头，笔者之所以不写"脑"而写"脑与身体"，是因为，即使在脑科学不断进步的今天，"意识""心灵""精神"这些东西到底是"脑"作用下产生的，还是"整个身体"作用下产生的，或者是更大的什么作用下产生的，尚无定论。

这个问题要依赖"量子脑理论""量子生物学"的进一步发展，才能变得明朗。笔者的观点是，不仅仅"大

（接上页）熵值等。奇性定理又称奇点定理，1970年，由英国数学家、物理学家罗杰·彭罗斯和物理学家史蒂芬·霍金共同证明。在奇点，时间和空间都失去意义，一切依赖于时间和空间的物理规律都将失效，也就是广义相对论本身的失效。由此产生了理论物理学一个著名难题——奇性疑难。用霍金的话说：广义相对论预言了自身的失效，它预言了自己不能作出任何预言。——译者注

脑"，"整个身体"都可通过"量子过程"进行信息交流。如果我们的"整个身体"都有可能与"零点场"连接，这将为我们理解"疾病的产生"和"疾病的治愈"，打开一个全新的视野。

例如，以《时间、空间、医疗》(*Space, Time & Medicine*)等著作风靡世界的医学博士拉里·多西，讲述了世界上各种"远程疗法"(Remote Healing)。也就是，从很远的地方发送"祈祷治愈的意念"，来促进治疗。乍一看，好像很不科学，但临床报告称，有一定的治愈效果。

我们可以用"零点场假说"来科学地解释这种"远程治疗"效果的原因，并由此推测，我们的"整个身体"都参与了信息交流的量子过程。

考虑到"量子脑理论"假说和"量子生物学"在今天的蓬勃发展，有一天，或许我们可以科学地证明，我们的大脑以及身体可以通过量子过程与"零点场"连接在一起。这是一个饶有趣味的科学假说。

也就是说，我们大多数人曾经体验过的意识的奇妙现象，是"意识"与"零点场"连接，获得了必要的信息、知识和智慧而产生的。即，通过零点场，彼此的"意识"相连而产生的现象。

意识世界的"五个层次"

有一点，大家不要误解。

那就是，虽然我们的"意识"可以与"零点场"连接，但我们的表层意识并不能直接与这个零点场连接。这就是刚才我特别提到"在某种特殊状况下"的理由。那么，我们的哪个"意识层次"能够与零点场相连接呢？

为了理解这一点，需要动用现代心理学最前沿的"超个体心理学"知识，了解我们的意识世界的层次构造。

将"意识"这一极其复杂精妙的世界简化处理，进行结构性描述，难免会产生各种误解。但为了让大家更容易理解本书的主题，我必须让它简洁明了，请大家理解。

概言之，我们的意识世界大致有以下五个层次。

充斥着日常生活杂音的"表层意识"世界

第一层，是"表层意识"的世界。

这是我们日常生活、日常工作中最活跃的意识世界。在这个世界里，我们的"自我"（ego）成为意识活动的中心，由此，不满和愤怒、不安和恐惧、厌恶和憎恨、嫉妒和怨恨等各种消极念头，盘旋不去。

这个表面意识世界的消极念头会成为"杂音"，大大妨碍我们的意识与零点场联系。这也是为什么古今东西的宗教都主张，为了与神、佛、天相通，需要祈祷和冥想，不带杂念，保持澄澈的心境的原因。

一旦达成这种"澄澈的心境"，我们的意识就会切换到更高层次："寂静意识"。

由祈祷和冥想产生的"寂静意识"世界

因此，第二层是"寂静意识"的世界。

这是我们从日常生活和工作中脱身出来，保持"寂静"时的意识世界。在这个世界中，我们的"自我"活动比较安静，不满和愤怒、不安和恐惧、厌恶和憎恨、嫉妒和怨恨等消极念头也消失了。

由此，这个"寂静意识"的世界就容易与零点场连接了。正如我在前面提到的，自古以来，宗教人士和重视精神生活的人都积极实践祈祷、冥想等"心灵技法"，将其作为习惯。如果恰当实践这种"心灵技法"，在这个"寂静意识"的世界里，就会出现安静地凝视自己内心的"另一个自己"。

这个"另一个自己"不会压抑心中"自我"的活动，既不否定也不肯定，只是静静地注视着它。

因此，当"另一个自己"出现时，"自我"的活动就会止息，心中的杂念也会消失。作为结果，我们的意识会更容易与零点场连接，从中获得必要的信息、知识和睿智，从而产生恰当的"直觉"。

笔者将这"另一个自己"称为"贤明的另一个自己"或"贤我"。

另外，在拙著《磨炼直觉》中，我讲述了与"零点场"连接，以便让"直觉"降临的具体的"心灵技巧"。

吸引同类信息的"无意识"世界

第三层，是"无意识"的世界。

这是隐藏在"表层意识"和"寂静意识"深处、我们自己注意不到的意识世界。在这个"无意识"世界，古今东西的"运势论"中共通的"吸引力法则"（Law of Attraction）占据了支配地位。

这个"无意识"世界会通过零点场，吸引类似的信息。所以，如果这个世界里都是消极的念头，就会吸引来消极的信息，结果，会发生不好的事情或遭遇，招来坏运。相反，如果这个世界里都是积极的念头，就会吸引来积极的信息，结果，就会遇到好事或结善缘，招来"好运"。

在这个"无意识"的世界里，通过"吸引力法则"，会引发不可思议的"直觉""同步性""星座运势"等现象。

拙著《磨炼运气》阐述了与零点场连接、吸引"好运"的"心灵技巧"。具体来说，就是将"无意识世界"里的"消极的念头"转化为"积极的念头"，从而"净化""无意识世界"。

通过"净化"，"无意识世界"中的"消极的念头"消失了，"自我"的运动止息了，这时，就会出现"无我"的境界。

无意识与无意识相互关联的"超个体无意识"世界

第四层，是"超个体无意识"的世界。

前面介绍了我们内心深处的"无意识"世界。在这个"无意识"世界的更深处，还有一个我们的"无意识"通过"零点场"相互连接的世界。

荣格心理学将这个世界称为"集体无意识"（Collective Unconscious），超个体心理学则称之为"超个体无意识"（Transpersonal Unconscious）。

在这个"超个体无意识"世界里，不仅会发生"直觉""同步性""星座运势"等现象，还会发生"以心传心"等让人觉得心灵相连的"超个体现象"。

在这个"超个体无意识"世界中，会出现超越"自我"和"贤我"，甚至超越"无我"、应该称为"超我"的自己。

超越时间和空间的"超时空无意识"世界

第五层，是"超时空无意识"的世界。

这个层次超越了"无意识"与"无意识"通过零点场相互连接的"超个体无意识"状态，是我们的"无意识"与"零点场"紧密连接的意识世界。

这里所说的"超时空"是指，由于"零点场"中存在

"过去、现在、未来的事件的信息",因此到了这个层次,我们的"无意识"就可以和超越个体、超越空间、超越时间的信息相互连接。

当我们的"无意识"与零点场紧密相连,进入"超时空无意识"状态时,我们就能感受到与"未来"相关的信息。此时,除了"直觉""同步性""星座运势""以心传心",还会发生"预感""预知""应验"等"了解未来"的体验。

在这个"超时空无意识"世界里,我们身上会出现超越"自我"和"贤我"、超越"无我"和"超我"的东西,即古今各种思想中所说的"真我"。

以上就是意识的五个层次及其特性。其中,"寂静意识""无意识""超个体无意识""超时空无意识"这四个层次是可以与"零点场"连接的意识状态。

一旦理解了"意识的五个层次",就比较容易理解接下来,在第七章到第十章中将要讲述的"死后,我们的意识如何变容"这个问题了。

第六章

零点场假说揭秘意识的奇妙现象

为什么场中会汇集类似的信息

前一章讲过，古今东西的"运势论"中，有一个共通法则，那就是"吸引力法则"。在"无意识"世界里，通过"零点场"，我们的意识会吸引到"类似的信息"。

为什么与零点场连接后，我们的意识会吸引到"类似的信息"呢？

这是因为，在"无意识"的世界里，"念想"这件事，本身就意味着"寻找"或"收集"与这个"念想"相关的信息。当然，这种意识的作用不仅存在于"无意识"的世界，在"表层意识"的世界里也经常发生。

比如，当你对某个问题感兴趣的时候，不经意间打开报纸一角，与该问题相关的信息跃入眼帘；休息室里正在播放电视节目，与该问题相关的信息跳进你的耳朵……这种事情，你想必经历过吧。其实，意识的功能，就是从"念想"到信息"寻找"和"收集"。这种意识的功能，在"无意识"世界里，要比"表层意识"世界里强得多。

而且，"无意识"世界不像"表层意识"世界那样有"价值判断"。因此，对消极念头，"表层意识"会讨厌它、排斥它；但"无意识"世界并不会，"无意识"世界会自动去"寻找"和"收集"与这个消极念头相关的消极信息。结果，不好的事情就会朝着你迈进。

因此，当"无意识"世界抱有"不安"和"恐惧"的念头时，尽管"表层意识"讨厌它、排斥它，但"无意识"却还是会"寻找"和"收集"相关的信息，引导"不安"和"恐惧"的降临。

这就是世间各种"运势论"所说的"不好的念头会招来霉运"的原因。"内心深处的'恐惧'，会成为实现它的'祈祷'。"

在"无意识"世界中，通过零点场，和你的念想类似的信息和相关的信息会聚集起来，也就是发生"信息吸引"现象。有一点需要特别说明：当我们的无意识与"零点场"连接在一起时，这种"信息吸引"会以迅疾的速度发生，这是一个快到我们的常识无法理解的速度。

理由是，在零点场内，信息的传递是瞬间发生的，"信息搜索"速度极快。当我们的无意识与零点场相连时，存在于场内的海量信息会被瞬间"搜索"。

下面，我用电影中的隐喻（图喻）来具体说明一下。

可以超高速"信息搜索"的零点场

在美国科幻电影《她》中，某天，主人公西奥多得到了一名能在电脑上运行的"人工智能助手"，于是立即启动了该助手。

这时，一个女声的助理出现了，主人公问她叫什么名字，她说："萨曼莎。"又问：这名字谁起的？答：刚刚你问我名字，我立刻去读了命名法的书，从18万个名字中，选了自己最喜欢的一个。主人公惊讶道：你只用一秒钟就读完了一本书？答：是一百分之二秒。

对现代计算机来说，这种速度的信息搜索是理所当然的。如果说，受到各种机械性制约的现代计算机都能以如此快的速度进行信息搜索的话，那么，在完全没有这种机械性限制的"零点场"内的"信息探索"，其速度必然会在更高次元上。

被期待在不久的将来能够实用化的量子计算机，其信息搜索的速度据说是现代计算机的一亿倍。"量子场"，也就是"零点场"中的信息处理速度，就是如此之快。

当然，由于肉身制约和自我障碍，我们脑内"信息搜索"的速度根本无法与现代人工智能"萨曼莎"匹敌。但是，一旦我们的无意识与零点场连接在一起，就会实现难以想象的高速度。

自古以来很多人经历过的"闪回现象"，告诉了我们这一点。

所谓"闪回现象"是指，人在面对死亡的临终时刻，人生的各种场景会疾风般在心头奔腾而过。日本人说"过去的所有回忆，像走马灯般闪过"，指的就是这种现象。我们的无意识与零点场连接时，就会发生这种现象。这个时刻，无意识显示出了超乎想象的"信息搜索"能力。

这种"闪回现象"是很多从死亡边缘回来的人描述的现象，可信度极高。

实际上，笔者的一位朋友就有过这样的经历。他是一名登山家，在危险的溯溪登山过程中，在岩石上不慎失足滑落。就在他以为死亡将至的时候，身体奇迹般地被树丛卡住，捡回了一条命。他对看到这一幕的登山同伴描述说："那是真的。在我做好死亡觉悟的那一刹那，人生的所有情景都在我脑海中盘旋。"

像这样，当我们的无意识与零点场联系在一起的时候，就能以超乎想象的速度进行"信息搜索"，从场中的海量信息中，瞬间获取需要的信息。

为什么天才会觉得创意"从天而降"

当我们的无意识与零点场联系在一起时，我们就能接触到记录在零点场中的大量信息。这些信息中，自然也包括历史上各种贤人、科学家、宗教家、思想家和哲学家们拥有的渊博知识和深邃智慧。

如果这是正确的，下面这个世间常有的说法，就有了答案：为什么被称为"天才"的那些人，都说创意会"从天而降"呢？

古今东西，被称为"天才"的人们，无论是科学还是技术、学问还是研究、艺术还是音乐，不分领域，不分职业，当被问及其创造性想法和观点是从何而来时，几乎所有人、可以说无一例外，都用"从天而降""天启般被赐予"等表达方式。几乎没有人说"这是大脑彻底思考后，想到的"。

那么，"从天而降""犹如天启般被赐予"这些话，意味着什么？或许，是他们的无意识与零点场连接，从中导出了创造性想法和观点。也就是说，这些创造性想法和观点，是古今东西的天才和贤人拥有的渊博知识、深邃智慧在零点场中纵横结合而产生的。

换句话说，被称为"天才"的人的直觉力、创造力、想象力等，其实并不是他们的大脑所产生的，而是他们的大脑与"零点场"连接的结果。

当然，这只是一种"假说"。但如果这一假说被科学证实的话，这就意味着，如果我们希望自己的"才智"和"能力"也能开花结果，就需要根本性的范式转换。因为，我们普通人与天才的区别，既不是天生大脑结构的不同，也不是基因DNA的不同，更不是先天素质不同，而是与"零点场"连接的能力不同。这种能力通过掌握适当的"心灵技法"，可以进行后天修炼。

笔者既不是天才也不是贤人，但作为一个常年撰写各种主题的著书人，我切实感觉到，直觉力和创造力、思考力和想象力的源泉，就在零点场。

为什么人生存在"运气"

如果我们的无意识与零点场联系在一起，就可以接触记录在零点场中的各种信息、知识和智慧。如果我们学习并修炼连接零点场的"心灵技巧"，就能提高直觉力和创造力、思考力和想象力。

　　如果这是正确的，我们就能解答世人抱有的另一个疑惑了：为什么人生存在"运气"？

　　如果"零点场假说"是正确的，那么，对我们日常感受到的"好运气"和"强运势"，就可以进行这样的解读：我们的无意识和零点场发生连接，在特定时间、特定状况下，通过导出必要的信息，引发了特定现象。

　　比如，第三章介绍了笔者参加大学入学考试的经历。"在考试前夕，以不可思议的直觉预知了试题"的体验，是笔者在特定时间、特定状况下获得了最需要的信息的结果，是触发"好运"的一次体验。

　　也就是说，所谓"运气"不同，实际上不是"与生俱来的运气"有差异，而是我们的无意识在连接"零点场"上的能力有差异。这种能力可以通过"心灵技巧"的修炼，后天掌握。

　　为了吸引"好运道"，有一点很重要。那就是，在心中拥有"积极的念头"。因为，当我们的无意识从零点场"汲取"信息时，实际上汲取的是"类似的信息"。如果我们心中有强烈的恐惧和不安、悲伤和愤怒等消极念头时，就会吸引与之类似的消极信息，结果就会招来"坏运道"。古今东西的"运气论"无一例外地都说，为了吸引"好运"，拥有希望和安心、喜悦和感谢等积极的念头是非常重要的。

古来无数人信仰的"神""佛"的实质是什么

如果"零点场假说"是正确的，那么对于"死后会发生什么""会有死后世界吗"这一人类最大的谜团，同时也是人生最大的疑问，我们就有答案了。

不仅如此。如果这个假说是正确的，对于下面这个跨越人类历史长河的"最崇敬的问题"，我们也就有答案了。这个问题是："神""佛""天"，到底是什么？

祂们是人类数千年历史中，无数人不断"祈祷"的对象。祂们也是让无数人感到被守护、被引导以及"显灵"的存在。祂们给无数人带去了各种各样的"神秘事件和体验"。

读书到此，你是否已经领悟到了？正是如此——"神""佛""天"就是"零点场"。

也就是说，所谓"神""佛""天"，就是记录宇宙有史以来"所有的事件"、记录人类有史以来"所有智慧"的"零点场"。无数人感受过的"神秘事件和体验"，是这些人的意识与"零点场"连接而产生的。

如果真是这样的话，我们就可以明白：自古以来被世界各种宗教广泛倡导实践的"祈祷""祈愿""瑜伽""坐禅""冥想"的各种技法，其实都是实现与"零点场"连接的"心灵技巧"而已。

最前沿科学知识和最古老的宗教直觉

如果说零点场记录着宇宙的过去、现在、未来的所有事件的所有信息，那么通过连接零点场，我们是否也能了解宇宙"开始的瞬间"了呢？

在这一点上，我们发现最前沿的科学知识和最古老的宗教直觉有着不可思议的一致性。根据现代最前沿的宇宙论，宇宙诞生于138亿年前的"量子真空"。"量子真空"在某个时刻发生了"波动"，急剧膨胀，诞生了"暴胀宇宙"；接下去发生了大爆炸，产生了大爆炸宇宙。大爆炸之后，宇宙充满了光子。

说到这里，笔者发现科学和宗教之间确乎有着神奇的一致性。比如，佛教经典《般若心经》说"色即是空，空即是色"，换言之，这个"世界"（色）是从"真空"（空）中诞生的。此外，基督教《旧约圣经·创世记》一章的开头一节写道："神说，'要有光'。"也就是说，神创造世界的时候，最先产生的是"光"（光子）。

这仅仅是偶然的一致吗？如果写《般若心经》的佛教僧侣和写《旧约圣经》的犹太教神职人员通过"坐禅"和"祈祷"与"零点场"连接，就可以通过"宗教直觉"来获取宇宙诞生瞬间的信息记录，这一切就都不奇怪了，一切迎刃而解。

古人已经论及"零点场"

如果说，古代宗教早于最前沿科学，凭借直觉掌握了宇宙的真谛，那么，我们就不应该只简单罗列一些"空即是色""要有光"这样的句子了。

让我们回想两种古代宗教的教义：一是前面提到过的"佛教唯识论"所说的"阿赖耶识"[1]思想，二是"古印度哲学"所说的"阿迦奢"[2]思想。这两种思想都与"零点场假说"极为相似。佛教和印度哲学的经典中都有"存在一

---

1. 梵语。根本识、种子识的意思。——译者注
2. 梵语。天空、空间或以太的意思。——译者注

个记录宇宙所有信息的场所"的记述，这一点，我认为并非偶然。

在笔者看来，很久以前，宗教睿智就直观地把握了宇宙的真谛。

第七章

根据零点场假说，『死后』会发生什么

"零点场假说"揭秘"死后世界"

如果"零点场假说"是正确的，那么零点场里"记录"着宇宙中发生的所有事件的所有信息。这个"所有的事情"，顾名思义，就是"全部"。

也就是说，从量子真空中诞生宇宙，在宇宙中生成银河系，在银河系中诞生太阳这颗恒星，在它周围生成地球这颗行星，在地球这颗行星上生命诞生、生命进化，最后产生了人类。在人类历史中，罗马帝国兴衰，你诞生在自己的国家，你经历人生路。在你的人生中，你怀揣着什么样的愿望，你的所思、所想、所感，这些全部被"零点场"记录了下来。

如果是这样的话，"零点场"里记录着与你的人生息息相关的所有信息。不，不仅仅是你，现在生活在地球上的所有人的人生的所有信息，每时每刻都在被实时记录着。甚至，迄今为止在地球上出生、生活、离开的所有人，零点场中也记录着他们的人生的所有信息。

如果我们接受"零点场假说"的话，那么，人类历史中和"死后世界"有关的各种神秘现象，就都可以在科学上得到合理解释了。

为什么孩子们会讲述"前世的记忆"

"前世的记忆""转世""轮回"等现象，就是一例。

出生后，到了懂事的两到八岁，孩子突然说自己是某个人的"转世"，能非常清楚具体地还原自己的前世在哪里出生、过着怎样的生活、从事怎样的职业、拥有怎样的家庭，最后如何死亡。有的父母听后，就去孩子的前世生活过的地方调查，发现确实有这样的人过完了那样的一生。孩子描述的那个城市的风景——孩子绝对不可能见过——也与实际情况完全一致。

这样的事例，全世界比比皆是。对这些事例进行客观总结的书也不少，代表性著作有美国弗吉尼亚大学精神科教授伊恩·史蒂文森写的《记忆前世的孩子们》，以及他的继任者吉姆·塔克教授写的《回到人生》等。

相信"转生"和"转世"的人将这些事例作为"人在死后会转世为他人"的确凿证据来谈论。站在"零点场假说"的立场上，这很可能是因为，出于某种缘由，这些孩子的意识与零点场发生连接，从而讲述了记录在零点场中的某个过去人物的信息。也就是说，孩子们讲述的"前世记忆"，并不一定是"转世"或"轮回"的证据。

实际上，随着孩子的成长，他们都不再谈论这些事情了。因为孩子们所说的，只不过是来自零点场的"某个人的人生信息"。

为什么会发生"与死者的通信"

此外，对于"灵媒""与死者通信""背后灵"等现象，"零点场假说"也能给出合理的解释。

所谓"灵媒"，是指通过进入某种特殊的精神状态，召唤出已经去世的人，让其与遗属进行对话的人物。在日本，广为人知的，有东北恐山的"灵媒"[1]；在世界其他地方，近代稍早有莱奥诺拉·派珀[2]和艾琳·加勒特[3]，现代有

---

1. 恐山，位于日本青森县东北部下北半岛的火山，火山口附近有湖泊及温泉。因被视为死者灵魂聚集之地而闻名，夏季有女巫操办祭奠。恐山的开山大师是高僧慈觉大师（最澄的弟子），他和空海、最澄一样，也是遣唐僧。从唐朝返回日本后，踏上北向的旅途，来到此地。——译者注
2. 莱奥诺拉·埃维琳娜·派珀（Leonora Evelina Piper，1859—1950），美国女通灵师。英国心灵现象研究协会（The Society for Psychical Research，SPR）成立初期调查的著名通灵者之一。——译者注
3. 艾琳·加勒特（Eileen Garrett，1893—1970），爱尔兰女通灵师。——译者注

埃斯特·希克斯[1]和西尔维亚·布朗[2]等，他们作为"灵媒"的优秀代表，都拥有"与死者通信"的能力。

实际上，能力出众的"灵媒"会让"被召唤出来的故人"说出生前的生活、工作、家人和朋友的事情，甚至还会让他回答家人的问题。此外，死者现身时的言谈举止等，也常常和生前一模一样。因此，相信"灵界"的人们认为，"把死者从灵界召唤出来，让他和家人对话"，是"灵界"存在的确凿证据。

但是，如果站在"零点场假说"的立场上，所谓"灵媒与死者通信"，并不是灵媒真的把死者从"灵界"召唤出来了，而是因为"灵媒"拥有和零点场连接的能力，他（她）可以从零点场中接收相关故人的信息，并在家人面前讲述。此外，言谈举止也是基于零点场提供的信息，进行无意识模仿的结果。至于回答家人的问题，只要提取了零点场中储存的故人在世时的观点、思想，就能临机应变

---

1. 埃斯特·希克斯（Esther Hicks），被称为身心灵疗愈大师，出版过很多畅销书。2006年，夫妻俩合作出版《吸引力法则》（*The Law of Attraction*），上市第一周就登上《纽约时报》畅销书排行榜第二名。——译者注
2. 西尔维亚·布朗（Sylvia Browne），美国著名灵媒师，也是畅销书作者。被认为预言了2020年的新冠肺炎疫情。——译者注

进行回答。这才是"灵媒与死者通信"的真相。

世间流传的"背后灵"一说，道理同样如此。能"看见"背后灵的人，大致是从零点场接收到成为背后灵的那位故人的各种信息，然后进行了描绘。

类似这样"灵媒与死者通信""背后灵"等神秘现象，如果站在"零点场假说"的立场，都能得到合理的解释。这些现象不是"天国"或"灵界"存在的有力证据。

此外，许多濒死回魂者讲述的"濒死体验""灵魂出壳""与故人重逢"等现象，也都可以用"零点场假说"进行合理的解释。这些现象具有更深层次的意义，在本章的后半部分，笔者会详细说明。

肉体死后，我们"意识的所有信息"会继续留在场内

如果"零点场假说"是正确的，那么在我们死后：我们人生中发生的所有"事件"的信息、我们人生中经历的所有"体验"的信息、我们的人生中所有"人际关系"的信息、我们在人生中感受到的所有"情感"和"思想"的信息、我们在人生中学到的所有"知识"和"睿智"的信

息，都将被记录在"量子真空"的"零点场"中。那么，这在"生死"问题上，具有怎样的意义呢？

也就是说，在我们的"肉身"死亡之后，我们在人生中拥有的"意识的全部信息"仍将留在零点场，这意味着什么呢？

接下来，就是本书最有趣的部分了。如果零点场中保留着漫长人生中"所有意识的信息"，那么，这些信息在我们死后会如何变化？它只是作为"信息"被永远地"留档"下去而已吗？

笔者认为，并非如此。

笔者自己有一个科学假说：在我们迎来死亡、肉身毁灭之后，零点场中记录的"我们意识的信息"会和记录在场内的"其他人的意识信息"——感情和思想、知识和睿智等——持续相互作用，它会一边学习场内记录的"宇宙的所有信息"，一边持续演化。

也就是说，笔者假设，即使肉身死亡，"我们意识的信息"不仅会作为"永远的记录"留在零点场中，而且还会继续演化，"活下去"。

笔者为什么会这样认为呢？回顾一下第四章中描述的"湖面上吹来的风"（现实世界）和"湖面上产生的波浪"

（零点场）的比喻：即使湖面上的风停止了，湖面上的波浪也会继续推进。

场内存在与"现实世界"完全相同的"深层世界"

笔者想从另一个角度简单说明。

在此，请大家再回顾一下"零点场假说"。

这个假说描述了宇宙诞生的情景。如下：

第一，从"量子真空"中诞生的宇宙森罗万象，其本质并不是"物质"，而是"波动"。

第二，宇宙中发生的所有事情，包括我们的肉体和意识的活动，一切都是"波动"。

第三，现实世界中的"波动"轨迹，在量子真空的零点场中，会作为"波动"轨迹，全部被"记录"下来。

那么，这意味着什么呢？直截了当地说，它的意义，超越了"现实世界全部被记录下来了"这一点。也就是，从"波动信息"的观点来看，零点场内存在着与"现实世界"完全相同的世界。假设我们将其称为"深层世界"，即"现实世界深处的世界"。那么，零点场内存在着与

"现实世界"完全相同的"深层世界"。

这个零点场内的"深层世界"每时每刻都在记录"现实世界"中发生的事情。同时，它具有与"现实世界"不同的三个特征：

第一，在零点场内，能量不会衰减，波动也不会衰减，所有的信息永久保留在深层世界。

第二，"深层世界"中存在从"过去"到"现在"的所有信息。而且，如第四章中所述，也存在"未来"的信息。

第三，由于零点场中的信息传递是瞬间发生的，所以，在"深层世界"中，"信息之间的相互作用"非常容易发生。

现实世界的"自己"死后，深层世界的"自己"还活着

和"现实世界"与"深层世界"的关系完全一样，如果还是从"波动信息"的观点来看的话，零点场内存在与"现实世界中的我"完全相同的"深层世界中的我"。换句话说，对于生活在"现实世界"中的"现实自我"，存在

活在"深层世界"的"深层自我"。这个"深层自我"拥有与"现实自我"完全相同的"肉体信息"和"意识信息"——从过去到现在的"所有信息"。

最大的困惑是,"现实世界"中的"现实自我"迎来死亡之后,零点场中会发生什么呢?也就是说,"深层世界"中的"深层自我",会发生什么呢?

从结论上说,"现实自我"死亡、消失之后,零点场内的"深层自我"还会继续存在。"现实自我"即便消失了,"深层自我"也不会随之消失——不,毋宁说,"现实自我"消失之后,"深层自我"还在接触零点场内的"各种信息",继续存在,继续演化,继续"活着"。就像"湖上的风"停了之后,"湖面的波浪"会继续推进一样。

笔者是这样认为的。

美国发明家、未来学家雷蒙德·库兹韦尔是世界人工智能领域的权威,他曾在其著作《奇点[1]临近》(The Singularity is Near)中介绍过,未来将出现"将脑内信息移植到计算机"的人工智能技术,即"精神传输"。据此,

---

1. 奇点,和零点场的"零点"同义。——译者注

即便肉体迎来死亡，意识也能继续存活下去。

很多科学家、技术人员、知识分子都对库兹韦尔的作品感兴趣。还问世了一部约翰尼·德普主演、以"精神传输"为主题的科幻电影《超验骇客》（*Transendence*）[1]。

笔者对这种技术的实现可能性持怀疑态度。但是，如果"零点场假说"是正确的，库兹韦尔所期待的事情，其实用不着等到人类智能技术高度发达的那一天，就已经开始了。

那么，当肉体迎来死亡，意识转移到零点场之后，会是怎样的呢？

场内的"记录"实际上是场的"记忆"

为了让讨论深化，在这里，我们有必要修改之前在论述零点场性质时一直使用的一个词：记录。"记录"一词的意思是，信息一旦被记录在某一媒介上，之后绝不会

---

1. 《超验骇客》是一部沃利·菲斯特执导的科幻悬疑电影，2014年上映。影片讲述了科学家威尔遭到一群反科学恐怖分子暗杀，妻子艾芙林将他的精神输入超级电脑的原型机，威尔以计算机形态和她互动。反科学恐怖组织发现后试图偷走这台超级电脑并摧毁他的故事。——译者注

发生变化。但在零点场内，如上所述，被记录的信息之间是相互作用，不断演化的。如果是这样的话，与其称之为"记录"，不如称之为"记忆"。

我们的记事本中"记录"的信息是不会变化的，但我们的意识会与大脑内的其他信息相互作用，发生改变。比方说，小时候父母带我们去洗海水浴的记忆，和亲戚的孩子们一起去洗海水浴的记忆，在大脑中相互作用，融为一体，难以区分。这样的经历很多。

此外，我们还经常会遇到这样的情况：从某位作者的书中获得的知识与另外一位学者在电视上发表的观点，在记忆中相互结合，从而在心中产生了新的想法。

从这个意义上说，零点场的性质，应该从"记录"所有事件的信息，改为"记忆"所有事件的信息。

到目前为止，为了避免混乱，清晰传达零点场的性质，笔者有意使用了"记录"这个词。但是接下来，基于上面的理由，我将使用"记忆"这个更为准确的词。

场不是"信息仓库"，而是"宇宙意识"

如果我们准确理解了零点场的性质，即信息在零点场内会相互作用并发生变化，那么，我们应该使用"记忆"一词，而不是"记录"一词。与此同时，我们需要进行"大视角的转换"，也就是主语切换。

即，不是使用"信息被记录在零点场中"这种中立的视角，而是使用"零点场记忆信息"这样的主动视角——把零点场切换为记忆的"主体"，将零点场作为"主语"来使用。

因为，如果我们充分理解了上文所述的零点场的各种特质，就会发现，零点场不仅仅是一个"信息仓库"，它是一个"记忆"宇宙中所有事件、所有信息的"超级意识"——如果一定要命名的话，由于它是记忆宇宙一切信息的意识，我们可以叫它"宇宙意识"。

至此，关于零点场的性质，我们进行了：

从"记录"到"记忆"的动词切换；

从"信息仓库"到"宇宙意识"的主语转换。

这样做，对于了解零点场的真相，以及理解死后我们的意识会变成什么样，极其重要。

那么，存在于零点场的"深层世界"的"深层自己"与"现实世界"的"现实自己"之间，有什么不同呢？这两个自我又有怎样的关系呢？

"现实自我"一直在与"深层自我"进行着对话

如前所述，"深层自我"在我们活着的时候，也就是"现实自我"活着的时候，一直就存在于零点场内，所以实际上，这两个自我一直在进行互相"交流"，有时也会进行"对话"。

因为"深层自我"会将"现实自我"的所思所想全部"记忆"下来，"现实自我"也会在"无意识"的世界里倾听来自"深层自我"的声音。

但是，这两个"自我"有着不同的特征。

首先，"现实自我"在其意识的中心有强烈的"自我意识"，倾向于认为"我，即自我意识"。因此常常会受到"自我"所产生的感情和冲动的带动，去感受、去思考、去行动。当"自我"表现得非常强烈的时候，"现实自我"的"无意识"活动就会受到抑制，很难与"深层自我"的"无意识"去连接。

与此相对，"深层自我"位于零点场内，所以不受"自我意识"的影响（理由将在后面详细叙述）。因此不会被"自我"所产生的感情和冲动所左右，能够冷静、明智地感知和思考事物。

另外，"深层自我"的"无意识"能够广泛接触场内存在的信息和智识，因此是"明智"的。因为它能够接触到场中各种各样的人的意识，所以能扩展为"超个体无意识"；同时，因为它能够接触过去、现在、未来的信息，更能进一步扩展为"超时空无意识"。

也就是说，"深层自我"的"无意识"与"现实自我"的"无意识"相比，是更为"宏大"、更为"贤明"的无意识。

如此这般，"现实世界"和"深层世界"这两个"自我"，即"现实自我"和"深层自我"，具有鲜明、巨大的反差。

"超个体、超时空无意识"的本质，是场中的"深层自我"

古今东西的不少书籍都强调倾听"无意识的声音"，借助"无意识的力量"的重要性。实际上，这个"无意识"，就是存在于零点场中的"深层自我"的"无意识"（包括"超个体无意识"和"超时空无意识"）。也就是说，倾听"无意识的声音"、借助"无意识的力量"，实际上指的是，与零点场中的"深层自我"的"宏大而明智的无意识"进行连接的意思。

正是为了与"深层自我"的"宏大而贤明的无意识"相连接，"现实自我"的"无意识"作为"意识的通道"，发挥着重要的作用。由于"现实自我"依靠自我意识的强大力量，常常抑制"无意识"的活动，所以只要不能平息自我意识的活动，就无法与零点场内的"深层自我"产生连接。

古今东西的"无意识论"都强调"祈祷"和"冥想"的重要性，原因就在于此。

在第五章中，笔者阐述了意识的五个层次，特别阐述了与"无意识""超个体无意识""超时空无意识"连接的重要性。其实，强调的是，与"深层自我"的"宏大而贤明的无意识"连接的重要性。

那么，转移到"深层自我"的我们的意识，又会如何呢？

在接下来的第八章中，我们将进一步深入思考。

为了避免之后讨论的混乱，笔者整理一下术语的含义。在本章中，为了让大家理解"现实自我"和"深层自我"，笔者将"现实世界"和"深层世界"这两个词放在了对置的位置。这里的"深层世界"，不用说，指的就是"零点场"。两个词是同义词。

　　在之后的讨论中，我将统一使用"零点场"一词。

第八章

死亡并不存在

死后，我们的"自我意识"会暂留场内

第七章中，我们讲到：肉体迎来死亡，"现实自我"消失之后，我们的"意识"将转移到零点场内的"深层自我"，在场中继续存在、演化、"生存"。

那么，肉体迎来死亡后，转移到"深层自我"的我们的"意识"，又将如何呢？事实上，处于"现实自我"中心位置的"自我意识"，在"深层自我"中也暂时会起中心作用。也就是说，迎来"死亡"之后，"现实自我"消失，我们的"意识"转移到"零点场"内的"深层自我"。在"深层自我"中，也会短暂存在反映"现实自我"的"自我意识"。换言之，死后，我们会有一段时间继续从"自我意识"出发，观察这个世界。

濒死体验告诉了我们这一点。

为什么濒死体验会有"灵魂出壳"

关于濒死体验，以雷蒙德·穆迪医生的研究最为著名。很多临床报告都提到灵魂出壳的体验。比如，"意识"会漂浮起来，与床上的"肉身"分离，从房间上方注视医

生和家人的身影。也有报告说，这时候，会对家人产生各种依恋、不舍之情。

之所以会有这样的体验报告，是因为即使死后，我们的"自我意识"仍会在零点场停留一段时间，注视现实世界。由此，对于死亡，世界上不约而同有相似的习俗。

比如在日本，有被称为"守夜"或"夜伽"[1]的风俗。死者的家属和近亲会在死者的棺木旁陪伴一整夜，这是非常重要的。因为即使肉身死了，"自我意识"会继续从零点场看到自己的肉身和遗属的样貌。遗属和近亲守在棺木旁，逝者就不会感到寂寞。近年来，人们逐渐淡忘了这种风俗的真正含义，尽管仪式依旧肃穆地进行着。事实上，这种仪式具有上述深意。

另外，在日本有"头七"和"四九天"[2]等法事仪式，

---

1. 日语，陪护、守夜的意思。——译者注
2. 七七四十九天，就是从死者去世之日算起，每七天为一个祭日，称为"头七""二七""三七""四七""五七""六七""末七"，共计49天，又叫"烧七习俗"。人们烧七就是为了让已逝之人尽快寻找到"生缘"，以渡轮回。该习俗源于佛教的生缘说。"生缘说"是指人死后还介于魂魄游荡，未入轮回之态，这种状态被称为"中阴身"。做七的目的就是为了让"中阴身"进入轮回转生。——译者注

亲人去世后的一定时间内，遗属需要服丧。这也是因为，离开肉体，转移到零点场的故人的"自我意识"，对其遗属和现实世界的人生还有留恋之情。世界上共通的"服丧"习俗，是为了让故人的"自我意识"在变容之前得到陪伴，免去寂寞和不安。

当然，"自我意识"对自己的肉身和现实世界有多大程度的留恋，取决于逝者对自己的人生是满足的，还是留有遗憾的；也取决于故人是在家人的守护下幸福安详地死去的，还是因为意外事故、被他人杀害，或者战死等原因不幸死去的。

因此，根据人生状态、死亡缘由不同，死后转移到零点场的"自我意识"很有可能继续痛苦着。正因为如此，遗属们才会为逝者举行"供养""慰灵""安魂"等仪式。特别是对于那些在战争、大灾难、大事故中痛苦悲惨地死去的人，遗属和近亲会聚集一堂，举办这样的仪式，目的是希望逝者的"自我意识"能够从痛苦中解脱出来，得到安慰和宁静。

宗教祭奠的目的是告慰逝者的意识，所以仪式本身豪华与否，是否遵循特定的程序，实际上都没有太大的意义。

如果没有遗属的虔诚心意，再盛大的仪式也无法救赎逝者的意识；相反，再朴素的仪式，只要饱含遗属的心意，就能深深告慰逝者。因此，那些因为经济原因，没能给死者举办体面葬礼的人，也不必为此过于悲伤难过。

场中，我们的"自我"逐渐消散

那么，转移到零点场的我们的"自我意识"，又会如何变容呢？

刚才说过，为了救赎转移到零点场的逝者的"自我意识"，自古以来就有各种约定俗成的仪式。假设由于种种原因，亲人不能举行祭奠、慰灵、安魂仪式，或者遗属不能举行葬礼，总有一天，逝者还是会得到救赎的，而且一定会得到救赎。理由很明确：**因为人生之苦的根源——"自我"，会逐渐消散。**

为什么我们的意识转移到零点场后，"自我"就会消散呢？因为"恐惧"和"不安"会消失。

我们心中的"自我"源于在现实世界中作为生物的"生存本能"。对"死亡"的恐惧，对"生存"威胁的不安……在这样的恐惧和不安中，产生了"自我"；扎根于"生存本能"的"自我"，进一步在意识中扩散为"斗争心""竞争心""自他分离""自他比较""认可欲""自尊心"等意识形态；这些意识经由"失败"和"挫折"、"孤独"和"自卑"、"渴望"和"自我否定"，等等，在我们内心制造出各种"痛苦"。

如果我们内心的"自我"消失了，"内心的痛苦"也就消失了。但在现实世界中，根植于"生存本能"的"自我"是绝对不会消失的。

一旦迎来肉体的死亡，我们意识中的"自我"就会从"死亡的恐惧"和"生存的不安"中解放出来，失去了存在的理由，自然消散。

在现实世界中那样折磨我们的"自我"，想让它消失但绝不会消失的"自我"，在零点场中，自然地消失了。作为结果，"内心的痛苦"自然也就消失了。

那么，"自我"的消失，意味着什么呢？

意味着"我"的消失。

"自我"作为一种本性，将自己与他人分开，将自己与世界分开，并由此生出"我"的意识。因此，"自我"的消失，意味着"我"的消失。

何谓"死"，何谓"我"

准确地说，这里消失的"我"，是作为"个体意识"的"我"，那个小小的"自我意识"会消失，但"真我"绝不会消失。

那么，这个"真我"是什么呢？

这是一个意味深长的问题，也是本书的终极关切。在本书的最后，你会理解它的含义。在此，我们先一起来思考"我是什么"这个问题。我想介绍一个我的小故事。

2006年，笔者写的 *To the Summit*（《写给开拓未来的你们》的英文版）在美国付梓。这件事发生在美国旧金山的一家书店里，当时，正在举办这本书的出版纪念演讲会。

在演讲中，笔者讲述了"抱着死的觉悟活着"的重要性。演讲结束后，接受会场提问。坐在最前排的一位老者提了一个简短的问题：

"What is death？"（死亡是什么？）

笔者简短作答：

"To answer the question，we need to ask another

question. What is I?"（为了回答这个问题，有必要追问另外一个问题："我"是什么？）

对这个简短回答，老者微微一笑，说了句：

"Thank you."

这个人可能在旧金山禅修中心等地修行过，因为他瞬间就理解了笔者的意思。

如果我们要真正理解"死亡"，就必须深入追问迎接"死亡"的"我"是什么。

当你意识到"真我"并不是被"自我"束缚的那个"现实世界的我"或"作为个体意识的我"时，你就能明白，"死亡"，本来就不存在。

随着"自我"消失，所有的"痛苦"也随之消失

言归正传。

死后，我们的意识中心转移到零点场，我们的"自我"会逐渐消失，伴随它的"痛苦"也会消失。

即便如此，人死后，我们的意识暂时还是能体会到"世间的痛苦"。

这是从"死"到"自我"消失的这一时期内会发生的

事情。

比如，被残忍杀害的人、带着怨恨而死的人、悔恨而死的人，在"自我"消失前的一定时期内，他们的"自我意识"会在零点场吸引来场内的各种"负面信息"，会在短时间内制造出一个"充满痛苦的世界"。

但不久之后，这样的"自我"会消失，"痛苦"也会跟着消失。换言之，由于产生不安和恐惧、烦恼和痛苦、悲伤和愤怒等负面念头的"自我"逐渐消失，我们的意识就会迎来"极乐世界"。

"自我"消失、走向"极乐世界"的过程，在佛教中称为"成佛"。"极乐世界"，被称为"涅槃"。

其实，所谓"成佛"，就是肉身死后，我们的意识转移到零点场，"自我意识"逐步消散的过程。

零点场中不存在"地狱"

世界上的许多宗教，如基督教的"天国"、佛教的"极乐"等，虽然表达方式不同，都说我们死后要去的世界是"充满极致幸福的世界"——从零点场的观点看，这是有明确根据的。

　　而对于这些宗教描述的相反的情况——如"地狱"等"充满苦难的世界"，笔者持怀疑态度。从零点场的观点看，宗教描绘的"可怕的世界""痛苦的世界"，并没有明确的根据。如前所述，当我们的意识转移到零点场后，成为"痛苦"根源的肉体不复存在，成为"恐惧"和"痛苦"根源的"自我"也将消失。

　　宗教将死后的世界描绘成"可怕的世界"和"痛苦的世界"，不如说出于社会伦理的考量，即宗教应该为人们指明伦理规范。也就是，有必要告诫人们"生前不行善，不能上天堂""生前作恶，会下地狱"。特别是，当宗教与政治结合在一起时，为了维持社会秩序，需要这种戒条。

　　换句话说，宗教常常被政治所利用。本来，真正的宗教应该给予人们希望和安心，而不是散播恐惧和不安。因此，真正的宗教应该向人们讲述"永恒的幸福"和"光明一元的世界"，从零点场的根本属性来说，这也是正确的结论。

　　就给予人们希望和安心这一点，佛教曹洞宗的鼻祖道元曾说："人心本无善恶。"净土真宗的宗祖亲鸾也说："善人都能往生（极乐），何况恶人。"[1]这些话的基调是"绝对肯定"思想和"光明一元"思想，即所有人都能得救。同样的思想，在佛教的最高经典之一的《法华经》中也有明确的阐述。

"幽灵"和"地缚灵"的真相是什么

我这样说，你可能还是抱有疑问。

自古以来，欧洲流传着"古堡幽灵"，日本流传着

---

1. 世人一般说："连坏人都能得到救赎，更何况好人。"亲鸾的这句话看起来意思正好相反。12—13世纪，镰仓时代的日本僧人亲鸾的弟子，把他的教义整理成《叹异抄》，这是其中的一节。这句话在日本思想史中非常有名，还出现在教科书中，被称为亲鸾教义的精髓。根据译者的理解，大概包含以下几层意识：（1）"善人"想靠自己的力量解决人生大事，不需要仰仗"他力"，所以就不是阿弥陀佛信仰的约定对象。（2）充满欲望、愤怒、愚痴等烦恼的我们，无法摆脱迷惘。阿弥陀佛觉得众生可怜而发起本愿（誓愿），是为了恶人成佛（准确地说，救赎所有人升入极乐世界）。在阿弥陀佛的帮助下，摆脱自负，百分之百看清自己丑陋的人，才能获得永远的幸福，死后走向极乐世界。（3）法律、伦理上的"好人"认为自己是善人，从而看不到自己恶的一面（从人的本质看）。也就是说，其实，并没有绝对的好人。而如果你自认为好人，反而失去了获得阿弥陀佛"本愿力"救助的机会。——译者注

"地缚灵"[1]的传说。说的是，抱着遗憾去世的人的怨念，会长久留在原地，盘桓不去。那么，如何看待这种现象呢？这难道是说，意识转移到零点场后，"自我"并没有消失——抱着怨念的死者的意识，会一直存在下去？

笔者认为，并非如此。

实际上，对"古堡幽灵"或"地缚灵"现象，可以这样解释：我们去到某个城堡或某个场所的时候，因为那个场所很容易和零点场记忆的"某个死者的信息"联系起来，所以，信息就会被引导到访问那个场所的人的意识中。于是，人们似乎看到了死者的幻影，又似乎听到了死者的声音，产生了幻听。这种现象的发生原理，就是如此。

也就是说，这种现象并不是死者的"自我"意识一直停留在原地而发生的。换言之，死者不会以怨恨或诅咒的方式，对生者造成伤害。因为死者的意识在转移到零点场之后，"自我"就会消失，不会再以怨恨或诅咒去攻击他人。

---

1. 地缚灵是指无法接受自己已死的事实，或无法理解自己已死的事实，因而不愿离开死亡时所处的土地或建筑物等的灵魂。或者，因为有特别的理由而住在那片土地上的死灵。——译者注

生者被死者的亡灵攻击而受害的故事，其实是生者的意识错乱所致。也就是说，"杀人后，被死者亡灵反杀"的传说，实际上并不是"亡灵"杀死了这个凶手，而是凶手的自责之心导致精神错乱，最终招致了自己的死亡。

为什么笔者会这么认为呢？因为零点场具有的"净化力"，远远超出了我们的想象。如前所述，在零点场中，我们的"自我"已经感受不到"肉体"的痛苦，也不会再有对"肉体"死亡的恐惧，痛苦、恐惧、不安等情绪会自然地消失。

而且，在零点场中，因为可以接触到所有的信息、知识和睿智，所以自己与他人、自己与世界的"界线"将会消失，与之相伴相生的"纠结"和"苦恼"也将随之消失。

这就是笔者所说的"零点场的净化力"。在这种"净化力"的作用下，我们的"自我"失去了存在的意义，自然消散。

零点场消除"自我"这一"痛苦根源"的能力，是"自我存续力"无法比拟的，这是一种极其强大的力量。

因此，如果你的亲人或所爱之人不能平静幸福地离开人世，而是怀着遗憾、愤怒和怨恨离开人世，你也不必过分担心。零点场内的"净化力"，早已经将你的亲人和所爱之人的意识"净化"为和平、幸福的状态了。

不约而同的"忘却叙事"

如上所述，肉体死后，意识将转移到零点场，意识中的"自我"逐渐消失。与此同时，作为"个体意识"的"我"也随之消失，我们的意识从"痛苦"中解脱出来。

乍一看，这似乎是件好事。但对于生活在"现实世界"的我们来说，一想到这些，可能会心生"惶恐"和"不安"。

这可以理解。

对于在残酷的"现实世界"中依靠"自我"生存下来的人，一想到死后意识转移到零点场、"自我"消失——也就是"我"消失，难免"惶恐"和"不安"。为此，各种宗教都有一套临终时的忘却叙事，就是告诉我们：要对"我的消失"做好心理准备。

例如，日本佛教认为，人死后会渡过冥河，如果此时饮用了冥河水，就会忘记活着时候的所有事情。同样的叙事在希腊神话中也有记载。人死后会渡过勒忒河（忘却之河），如果喝了这条河的水，就会失去所有在世时候的记忆。

那么，各种宗教共通的忘却叙事的意义是什么呢？

场中，我们的意识忘记了"我"，了解了"一切"

从表面上解释，似乎是喝了忘却之水，我们就会忘记一切，头脑和心灵变成一片空白。实际上并非如此。

请回想一下。零点场存储着宇宙中所有事件的所有信息。因此，转移到零点场的意识不是会忘记"所有记忆"，而是可以接触到"所有记忆"。

特别是，"自我"消失之后，由于隔开"世界"和"我"的坚固的"自我之墙"消失，我们的意识可以接触到所有信息、知识和睿智。

也就是说，"忘却之河"的叙事想要表达的是，当我们的意识转移到"零点场"后，以"我"为主语的记忆将会全部消失。例如"我是哪个时代的人，出生在哪里，我是谁？""我在何时、何地、和谁做了什么？""我在想什么，我在思念什么，我为什么高兴、为什么痛苦？"

如此种种。这些以"我"为主体的记忆将全部消失。

但这并不意味着会变成"一片空白"。

转移到零点场的我们的意识，"自我意识"消失，却获得了接触宇宙所有信息、知识和睿智的机会。上述用"我……"开头的那些主观信息，不是绝对消失了，而是变成了"××是……"这样的客观信息，继续留在零点场中。

也就是说，**我们的意识忘记了"我"，知道了"一切"**。

为什么濒死体验会遇到"光"，被"至福感"包围

濒死回魂的人异口同声地说："在死后的世界里，充盈着一种所有的智慧涌入自己体内的感觉。"还有的体验者谈到"在死后的世界，遇到了光"，"被神迎接"，等等。

我们的意识转移到零点场后，不再被"自我"束缚，不再被"自我"感受到的恐惧和不安驱使，也不再有"自我"产生的痛苦和悲伤。很多在瞬间体验过濒死状况的人都说："死后的世界，是一个充满幸福感的世界。""不想回到原来的现实世界。"

肉体死后，我们的意识将转移到零点场中的"深层

自我"。在零点场中，"自我意识"失去了存在的理由。结果，"深层自我"中的"自我意识"逐渐消失，"深层自我"中的我们的意识，变成了"超自我的意识"，也就是应该称为"超我意识"的东西。

如果我们的意识在死后转移到零点场，"自我意识"消失并转化为"超我意识"，那么，一个新的问题会浮现出来：已经去世的故人，现在在做什么呢？

在下一章中，我们来思考这个问题。

第九章

转移到零点场的『我们的意识』会怎样？

死后，我们能与亲人重逢吗

如果我们的意识在死后转移到零点场，"自我意识"逐渐消失，并转变为"超我意识"，一个问题会浮现在我们心中：已经去世的故人，现在在做什么呢？尤其是那个曾经最亲的亲人，现在怎么样了？

在本章中，我们来思考两个相关问题。第一个问题如下：

我们死后，意识转移到零点场，能在那里与故人重逢吗？尤其是，能与去世的亲人重逢吗？

很多人对"死后的世界"抱有这样的疑惑。无论是谁，在失去了重要的亲人之后，都会有深深的失落感和孤独感；在经历了悲伤和寂寞之后，都希望有一天会和亲人在"遥远的世界"里重逢。

这种痛苦经历，笔者也有过。那么，我们死后能在零点场与亲人重逢吗？对这个疑问，很多濒死体验报告都提到过这样的场景："穿过光的隧道，来到一个充满幸福感的极乐世界。在那里，思念已久的亲人在等着我们。"

死后，我们的意识转移到零点场，真的能与零点场中的亲人的意识重逢吗? 这取决于我们如何理解"重逢"这个词的含义。在某种意义上,我们可以与亲人"重逢"。但是,零点场内的"重逢",与现实世界中的"重逢"不一样。

我们在零点场再次见到的,是"自我意识"消失,变成"超我意识"的亲人。那个亲人不再是过去现实世界中的那个有明确自我,会表达喜怒哀乐、爱恨情仇的亲人,而是已经超越了这些"意识状态"的亲人——具有"超我意识"的亲人。

这种意识状态的深层含义,笔者将在后面第十章中继续讲述。

另外,在零点场"重逢"的亲人,从某种程度上来说,和生前印象中的亲人一模一样。和生前有着一样的外貌、表情、语言、动作等个性特征。但这种影像,实际上是我们意识的产物而已。

也就是说,人死后,我们的意识会转移到零点场内的"深层自我"。在"深层自我"中,"自我意识"还残留一定能量。因此在死后,我们的意识会非常自然地想见已经去世的亲人。

这个念头会吸引零点场记忆的亲人的"各种信息"

（外貌和表情、语言和动作、情感和念想、知识和智慧
等），由此，就会生成一个令人怀念的"亲人形象"。我们
的意识甚至能与这个"亲人形象"进行"对话"。

但这毕竟和现实世界里的"重逢"不同。如果将零点
场作为"主体"来看的话，实际上也可以这样说：零点场
感知我们的"自我意识"的愿望，收集场内亲人的"各种
信息"（外貌和表情、语言和动作、情感和念想、知识和
智慧等），并将其作为"人格化的形象"展现出来。

笔者为什么要在这里阐述以零点场为"主体"的视角
呢？这是因为，正如第七章所述，零点场并非单纯的"信
息仓库"，而是一种"宇宙意识"。场中亲人的意识已经转
化为"超我意识"，在某种意义上，它与"宇宙意识"是
一体的。

零点场（宇宙意识）感知到我们的"自我意识"的愿
望，于是以"人格化的形象"帮助愿望的实现。

说到这里，笔者的脑海中浮现出一部小说来。

从我们的意识中产出"人格形象"的零点场

这就是波兰科幻小说作家斯坦尼斯瓦夫·莱姆的小说

《索拉里斯》(*Solaris*)。

莱姆被评为20世纪最伟大的科幻小说作家之一。他的这部小说被改编成两部电影，分别是安德烈·塔尔科夫斯基执导的苏联版《索拉里斯星球》和斯蒂芬·索德伯格执导的美国版《索拉里斯》。这是一部非常著名的作品，其主题意义深远，而且是"零点场"与"我们的意识"之间关系的完美隐喻。

小说的故事设定是这样的：

在某个未来，人类在宇宙的另一端发现了名为"索拉里斯"的行星。

在那颗行星上，广阔的"大海"拥有不可思议的力量。它可以感知接近它的人类的"内心世界"，并将心中人物的形象"现实化"，呈现在你的眼前。

主人公、心理学家克里斯·凯尔文为了探寻索拉里斯行星的神秘面纱，来到宇宙空间站。在这里，他与去世多年的妻子哈莉不可思议地"重逢"了。

从这里，一个主题深远的故事开始了。且不论后面的故事情节如何，对笔者来说，"索拉里斯海"的印象与"零点场"的印象是重叠在一起的。

也就是说，零点场就像"索拉里斯海"一样，它能感知我们"自我意识"的愿望，收集场内亲人的信息（外貌和表情、语言和动作、情感和念想、知识和智慧等），并且以人格化的形象加以展现。

就这样，在死后的零点场，我们可以与怀念已久的亲人"重逢"。但是，这并不意味着这个亲人带着"自我意识"停留在零点场中，并且与我们的"自我意识"重逢。

在零点场"重逢"的亲人，拥有曾经的外貌、表情、语言、动作等个性特征，但在"人格印象"的深处，"自我意识"已经消散了。我们重逢的，是已经变成了"超我意识"的故人的意识而已。

那么，"超我意识"是什么样的意识呢？顾名思义，这是一种不区分自己与他者、不区分自己与世界的"自他一体"意识，也就是自古以来被称为"爱一元"的意识。

"爱一元"是一种怎样的意识状态

顾名思义，就是"唯有爱"。请大家不要误解：这不是说，我们先把世界分为爱和恨，然后选择"唯有爱"。这里的一元，不涉及二元对立项，不是二元论意义上的一元。它超越真伪、善恶、美丑、爱憎、好恶、幸与不幸等二元对立论或者二元论。这是一种"一切皆为一体"的意识,是一种"全一性"意识。

"爱"的真义,就是"一切皆为一体"的"全一性"。对此,英国作家奥尔德斯·赫胥黎在其古典名著《永恒哲学》(*The Perennial Philosophy*)中,发现所有宗教在底层教义上,都倡导一种终极的"Oneness"(全一性)。

此外,曾是"超个体心理学"的代表性思想家,近年来因为提倡"统合思想"[1]而分外引人关注的肯·威尔伯,也在其著作《没有疆界》(*No Boundary*)中认为,我们的"自我意识"设置了各种各样的"疆界",这个"疆界"产生了自己与他人、朋友与敌人、真与假、善与恶、美与丑、爱与恨等各种对立,并由此产生了各种各样的纠葛和痛苦。当"自我意识"消失、"疆界"消失的时候,纠葛和痛苦也随之消失,这时,就会出现"至福的世界""爱一元的世界"。

---

1. 或称"统合哲学""统合范式"。integral 的意思是"综合或整合"。现代社会日益复杂化和多样性,人们迫切需要一个包容性的学问和思想视角。"统合范式"在两方面进行了综合:一是综合运用自然科学、社会科学、人文学等所有学科知识;二是重视差异中的共通性、多样性中的统一性,倡导"人、组织、社会健康发展的新范式"。——译者注

"爱一元"的意思，如是。只有当我们的"自我意识"转变为"超我意识"之后，才会成为"爱一元"的意识。已经去世的亲人，虽然外貌和个性仍是过去的样子，但在与我们"重逢"时，其意识已经转化为了"爱一元"意识。这就是为什么濒死体验者都曾描述：与去世的亲人重逢，是"充满爱的重逢"的理由。

为什么"祈祷"时，故人会引导我们

我们心中浮现的关于"已逝故人"的第二个问题，是什么呢？或许是以下疑惑：过世亲人在转移到零点场后，会不会引导、保护现实世界的我们？

对于这个疑问，笔者根据亲身体验，给出肯定的回答——"会的"。

比如，在第三章中，笔者讲述了自己寻找周末出租别墅的经历。当时，在林中仿佛听到了什么声音，于是信步走进了眼前一家咖啡馆。在奇迹般的机缘巧合下，被引导到出租别墅。其实，当时我林子里听到的，是父母的声音。

笔者在人生的十字路口，多次有过被过世的父母引导、守护的体验。或许你也有过这样的体验。

那么，这种"被已故亲人引导""被已故亲人保护"的体验，为什么会发生呢？这并不是因为零点场内存在具有"自我意识"的亲人。不是因为亲人的"自我意识"想进行"引导"和"保护"。而是因为，在我们内心深处的无意识世界里，一直有"希望已逝的亲人引导我""希望已逝的亲人守护我"等念想。这种念想，通过连接零点场中过世亲人的"超我意识"，提取出了"需要的信息"和"善的信息"。

这里的关键点，一是要有"希望亲人引导、守护"的念想，二是"通过连接亲人的超我意识"。

本来，我们可以通过无意识的世界与零点场相连，从中获得各种各样的信息。但在表层意识的世界里，"我想要那个""我想要这个"等自我的念想太强烈，反而会妨碍与零点场的连接。

与此相对，"希望已逝的亲人引导我""希望已逝的亲人守护我"等念想，是与情感、思慕相结合的积极念想，"自我"的念想不强烈，所以，我们的无意识会变得容易与零点场连接。

如前所述，由于"超我意识"不制造"自我障碍"，所以容易接触到零点场内的各种信息，容易从过世亲人的"超我意识"那里汲取实现我们的愿望所需要的信息和善的信息。

我之所以说我们的无意识与"亲人的超我意识"相连具有重要意义，原因就在于此。

基于这样的思考，对父母去世的遗属，笔者会对他们说："您的父亲会从天界引导您。""您的母亲会从天界保护您。"这并不是安慰的话。如果那位遗属真的深信"父母会在天界引导自己，守护自己"，那么，这个念想就会连接"天界"（零点场）里父母的"超我意识"，从而给他带来需要的信息和善的信息。

笔者常常建议遗属们养成这样的习惯，即在思念过世亲人的同时，祈祷"请引导我""请守护我"。因为"祈祷"是连接零点场的最好方法。在虔诚的祈祷中，如果向亲人"提问"，对他们说"请引导我"，经常会得到某种"回应"。

这绝不是"想多了"。如果我们进入深层次的"寂静意识"，会不可思议地在某个关键时刻听到某种"声音"。

这样说，可能你还是会有疑惑。因为在人生中，我们有时会与亲人反目，最后带着纠结送别亲人。有时，与亲人反目的时期一直延续,在没有心灵和解的情况下,亲人去世了。

即使你和亲人间有这样或那样的矛盾和疏离,也绝对没有必要过于困扰。因为,这种矛盾和疏离早已烟消云散。

故人没有"审判"之心,只是静静地凝望我们

请回想一下我们之前谈过的内容。

去世后,转移到零点场的亲人的意识不再是被"自我"束缚的"自我意识"。去世后经过一定时期,"自我"就会消失,转化为"超我意识"。也就是说,在零点场中,亲人的意识不再作为"被自我束缚,被喜怒哀乐左右的自我意识",而是从自我中解放出来的"爱一元"的超我意识。

因此,已经去世的亲人从零点场注视我们的眼神(如果真有那样的东西的话……),绝对不是用"自我感情""是非善恶观"来审判我们的眼神,而是平静的、仿佛包容一切般凝视的眼神。

留下名著《大和古寺风物诗》的文艺评论家龟井胜一

郎的一番话，也告诉了我们这一点。他在书中写道："**佛的慈悲，是那种平静地注视我们，看透一切的眼神。**"

是的，看到广隆寺的弥勒菩萨像，就能感受到他透彻的眼神——不是审判我们的恶、罪、错，只是静静地凝视。

当我们看到他的眼神时，不知为何，会有深深的救赎感。

当我们迎来死亡的时候，意识将随之转移到零点场。经过短暂的"自我"残留期，不久后，就会转化为"超我意识"。

转化为"超我意识"的我们，将不再有审判意识，而是用"爱一元"的眼光来凝望这个世界，凝望那些被遗留在世上的人。

第十章

死后，『我们的意识』将无限扩大

不断成长、不断扩大、超越时空的"死后意识"

死后，我们的意识将转变为"超我意识"——那么，"超我意识"又将走向何方呢？

"超我意识"在接触零点场内的各种信息、知识和睿智后，会不断演化、不断成长、不断扩大。因为"超我意识"消除了"自我障碍"，所以能够与存储在零点场中的宇宙中所有事件的所有信息联系在一起。但即便如此，"超我意识"并非能一举联系到宇宙中所有事件的所有信息。

面对零点场内庞大的信息，"超我意识"首先从"最近的信息"开始连接，慢慢扩展关联对象，直至"广泛的信息"。也就是说，"超我意识"首先会吸引与"自身意识"（思考、念头、知识、睿智等）最近的信息，将其相互关联。换言之，从自己最熟悉的人的信息开始关联，逐渐扩展到更广阔的领域。

因此，"超我意识"最初在家庭意识领域扩展关联，慢慢地扩大到共同体意识领域和国家意识领域，最终扩大到全人类意识领域，即"人类意识"。

实际上，我们的"意识"，包括"现实世界"中的

"表层意识"在内，都具有"逐渐扩展意识领域"的属性。举个浅显的例子，比方说，刚进入某家企业的新员工，最初的意识是"我"。这种意识，显然被局限在一个非常狭小的领域。随后，这个员工的意识自然成长，意识关联领域逐渐扩大：首先是"我们团队"，然后是"我们部门""我们公司"，再到"我们行业""我们业界"，进而是"我们国家"，最后是"我们世界"。

同样，零点场内的"超我意识"，基于"意识"的自然性质，也会逐渐扩大关联领域——最后，会扩大为"人类意识"。

"不断扩大关联领域"的"意识"，不会止于"人类意识"这个终点。这是什么意思呢? 后面再详细说明。

如上所述，"超我意识"在零点场中首先扩大为"人类意识"。实际上，在"现实世界"中，我们的"无意识"就已经与"人类意识"相关联了。

瑞士心理学家卡尔·古斯塔夫·荣格告诉了我们这一点，他在独创的"荣格心理学"中，提出了"集体无意识"的观点。简单地说，荣格认为，人的无意识是相互联系的，存在"人类共同的无意识世界"。此外，近年来备受关注、在理论上日趋成熟的"超个体心理学"也认为，存在"超越个体"即"超个体（相互关联）的无意识世界"。

荣格心理学和超个体心理学讨论的对象，就是本书所述的"超我意识"的世界。当我们还生活在"现实世界"时，我们的意识就已经与"人类意识"联系在一起了。

这样的话，死后，我们的意识与其他人的意识相联系，不断扩展领域，最终成为"人类意识"，就是极自然的事情了。

"超我意识"的扩大并不以"人类意识"为终点。在零点场中，我们的意识将超越"人类意识"，变得更加广大。

也就是说，"超我意识"将触及46亿年前地球这颗行星形成以后，在这颗行星上出生、存在、消亡的所有生命的意识——"人类意识"将向"地球意识"扩展。

我在这里说所有生命的意识，你可能会感到惊讶。实际上，把包括"人类意识"在内的所有生命的意识都纳入视野的思想，近年来在我们生活的现实世界中，正变得越来越流行。

"死后的意识"将"包裹"地球，并进一步扩大

例如，"以人为中心的生态思想"已经深化为"包容所有生命体的深层生态思想"[1]。"深层生态学"思想由挪威哲学家阿伦·奈斯提出，它基于"所有生命的存在，具有与人类同等的价值"这一观点。另外，受露丝·哈里森的著作《动物机器》[2]启发而传播到全世界的"动物福利"思

---

1. 深层生态学（Deep Ecology）是生态哲学的一个概念，与浅层生态学相对。挪威哲学家阿伦·奈斯（Arne Naess）于1972年提出这个概念，构建起生态整体主义思想体系。涉及生态自我、生态平等与生态共生等重要生态哲学理念。深层生态学是当代西方激进环境主义思潮的旗帜性主张，影响了包括绿色和平组织在内的一大批环保组织。

   浅层生态学的特点是把人和环境截然分开，以人类为中心，认为人类保护环境是因为环境对人类有价值。深层生态学认为人和其他生物体一样，都是"生物网络中的网结"，人并不处于自然之上或之外，而是生物群的一个组成部分。主要观点如下：① 地球上人和人以外的生物的繁荣昌盛有它本身的价值（或内在价值），不取决于它是否能为人所用；② 生命形式的丰富多样有助于这些价值的实现，而它本身也是一种价值；③ 除非出于性命攸关的需要，人类无权减少生命形式的丰富多样性；④ 重视多样性，包括风格、行为、物种、文化的多样性；⑤ 认为人类成熟是从"小我"到"大我"的发展过程；⑥ 高层次的自我实现只能以朴素的生活作风为途径，等。——译者注

2. 《动物机器》，1964年出版，出版后获得公众广泛关注与支持。第二年，英国政府宣布成立"布兰贝尔委员会"，对全国农场进行调查。《布兰贝尔报告》中提出的农场动物的"五大自由"，成为欧洲（转下页）

想，呼吁人们在心灵层面关注动物的痛苦和苦难。

死后，我们的意识会超越"人类意识"，扩展为"地球意识"——最初只包括地球上所有生命的意识，但总有一天，会扩展为地球上"所有事物（存在）的意识"。

对于"地球上所有事物（存在）的意识"这样的说法，你可能会觉得很荒唐。实际上，这种思想在我们生活的"现实世界"中，由来已久，并不陌生。

例如，英国行星科学家詹姆斯·洛夫洛克在其著作《盖亚：地球生命新论》（*Gaia : A New Look at Life on Earth*）中，提出了"盖亚理论"。

在参与NASA火星探测项目、获得相关科学知识的基础上，洛夫洛克提出了该理论。他认为，地球本身就是一个巨大的生命体。后来，他关注地球环境问题，给各式各样的人带去巨大影响。

（接上页）动物福利立法的重要蓝本。该书作者露丝·哈里森是英国著名的动物福利活动家，1986年被授予大英帝国勋章。哈里森以机器作为隐喻，阐明了一个被遮掩的事实：集约化养殖农场中，动物失去了生命价值，完全沦为生产线上由饲料转化为人类食物的工具。此书还让消费者了解到工厂化养殖产出的肉类食品的潜在风险，比如抗生素滥用。哈里森在书中前瞻性地提出了动物"精神痛苦"与"自然行为表达需求"，成为动物福利学研究的重要课题。——译者注

对于"地球本身就是巨大的生命体"的"盖亚理论"，科学界的部分人士从传统的生命定义出发，给出了否定意见。但实际上，"盖亚理论"想要强调的是，对于"生命是什么""活着是什么"这些问题，需要范式的根本转换，我们需要全新的生命定义。

这一点，笔者在拙著《盖亚思想》中也做了论述。我们应该理解，现代科学正在迎来新时代——我们需要对"生命是什么""活着是什么"的定义，重新进行审视。

有关"重新定义"的含义，后面会详细叙述。如果洛夫洛克提出的"盖亚理论"是正确的，也就是说，如果地球是巨大的生命体，那么，它是有意识的。这是为什么呢？

为什么地球也会萌生"意识"

实际上，美国人类学家格雷戈里·贝特森[1]对这一点

---

1. 格雷戈里·贝特森（Gregory Bateson，1904—1980），人类学家，曾在新几内亚和巴厘岛研究模式与沟通，后从事精神医学、精神分裂，以及海豚的研究。他对于早期控制论有重要贡献，并将系统和沟通理论引介到社会科学和自然科学领域。对于学习、家庭及生态系统，贝特森都发表了影响深远的观点。——译者注

的看法最为透彻。

贝特森是一位"知识巨人",包括巨著《心灵生态学导论》（*Steps to an Ecology of Mind*）在内，他在很多领域留下了洞察性的著作和言论。他说：

> 复杂的事物中蕴涵着生命。
> 心，是活着的证据。

这句话完美地概括了第二章中提到的现代最尖端科学——"复杂系统科学"所研究的"复杂系统"的本质。

"复杂的事物中蕴含着生命"，用复杂系统科学的专业术语来说，就是：随着系统内部的相互关联性提高（系统越来越复杂），就会出现自组织化和创造的属性（生命的属性）。

也就是说，像地球这样巨大的系统，其内部，水、空气、土壤、海洋、大气、大地、微生物、植物、动物、生命、物种和生态系统错综复杂地交织在一起，日趋复杂化，整个系统会随之出现"生命"的特征。贝特森说，在这样一个萌发"生命"的系统中，应该也会萌生被称为"意识"的东西。

洛夫洛克认为地球是巨大的生命体，贝特森认为地球本身会萌生"意识"，从"复杂系统科学"的视角来看，这些并非奇谈怪论。

您是否已经明白了：零点场中的"地球意识"，是指地球上"所有生命的意识""所有事物（存在）的意识"乃至"地球本身的意识"紧密相连的意识状态。

实际上，在各种宗教思想中，类似这种"地球意识"的思想，并不罕见。它们被以各种方式表达出来。譬如，在日本的佛教思想中，有"山川草木国土悉有佛性"的说法。草木自不必说，山川、河流、大地等一切事物，都寄居着"佛性"。也就是，佛教认为，就连风中也寄居着"佛性"。这种思想认为，生命以外的"一切存在"中，也都寄居着"佛性"。换言之，就是一切有"心"、一切有"意识"。

被认为是人类最古老的宗教形态的"泛灵论"（提倡万物有灵、自然崇拜）认为，"神"寄居于自然。也就是："意识"寄居于自然——所谓自然，就是地球。在日本，神道教已经发展为高度凝练的宗教，而万物有灵论则是神道教主张"八百万神"的依据。

那么，与"泛灵论"和"多神教"不同的"一神教"——也就是基督教的世界里，情况又如何呢？其实，在基督教的世界里，也有被称为"人类意识"和"地球意识"的思想。

例如，法国的天主教司祭皮埃尔·泰耶尔·德·夏尔丹，在古生物学、地质学方面取得了卓越的成就。在《人类作为现象》这本历史著作中，他阐述了"宇宙的壮阔进化论"思想。

在书中，他对"宇宙壮阔的进化过程"是这样描述的：

首先，宇宙中诞生了地球。作为进化的第一阶段，地球上产生了"生物圈"。生物圈中生物不断进化，最后诞生了具有高度智慧的人类。

接下去，在进化的第二阶段，地球上产生了促使人类的智慧和意识向更高级阶发展的"精神圈"（nous fair）。在精神圈中，人类的智慧和意识不断进化。

有人说，夏尔丹通过阐述精神圈思想，试图将基督教世界观和科学世界观统一起来。但不管怎么说，精神圈思想也触及了人类意识，它是地球意识的入口。

在基督教世界中，与夏尔丹一样被认为是"异端"、提倡"泛神论"的哲学家巴鲁赫·德·斯宾诺莎的哲学主张是"神即自然"，即"自然"的一切，都有神的意志。这无疑是某种阐述"所有事物（存在）都有意识"的思想。

最终扩展到整个宇宙的"死后意识"

那么，扩大为"地球意识"的我们的意识，又将走向何方呢？

它将进一步扩大为终极意识——"宇宙意识"。

在零点场中，我们的意识将扩展为"地球意识"，又因为我们可以接触到宇宙诞生138亿年以来的所有信息，所以我们的意识继续扩大，最终达到以宇宙视角俯视一切的"宇宙意识"。换言之，我们的意识，最终将与"宇宙意识"合一。

"宇宙意识"这个词，在20世纪70年代开始的"新时代思想"[1]中——与"地球意识"一起——经常被使用。在其他各种各样的"灵性思想"中，也经常被使用。但遗憾

---

1. 融合了精神分析学、古老宗教思想和实践等的一种文化现象。强调宇宙等巨大的存在与自己的联系，以及人类拥有无限的潜能，主张提高个人的灵性和精神性。作为一种亚文化，在各国有不同表现。在美国被称为"新世纪"（New Age），在日本被称为"精神世界"。倡导者大多通过书籍、杂志、网络、活动、工作坊等松散的网络支撑传播理念、开展活动。形式包括：冥想、通灵、占星术、气功、自然食品、心理治疗等。东京大学教授岛薗进从全球化视角出发，将"新时代"和"精神世界"运动称为新灵性运动。——译者注

的是，在这些思想中，"宇宙意识"一词多是作为象征意义来使用的。至于"宇宙意识"是如何产生的，它到底为何物，都没有明确解释。

那么，"宇宙意识"到底是什么呢？

进入这个领域，如果单纯从科学的视角来讨论，只凭"科学想象力"来讨论，是有局限性的。用抽象的语言来表达，只能说：这是一种"与宇宙万物融为一体的意识"。

对于生活在现实世界的人来说，"宇宙意识"是极难想象的。为了便于理解，我想暂时抛开"科学想象力"，借助"文学想象力"，来给大家形象化地展示这个概念。

亚瑟·C. 克拉克[1]的《2001太空漫游》（*2001: A Space Odyssey*）是一部非常有名的科幻文学作品。

这部科幻小说被著名导演斯坦利·库布里克改编成同名电影，被认为是不朽之作。故事情节是，在飞往太阳系

---

1. 亚瑟·C. 克拉克（1917—2008）是英国当代最著名的科幻作家，获得雨果奖三次，星云奖三次，于1986年被美国科幻与奇幻作家协会（SFWA）授予了终生成就奖——大师奖。作品包括《童年的终结》（1953）、《月尘飘落》（1961）、《来自天穹的声音》（1965）、《2001太空漫游》（1968）和《帝国大地》（1976）等。在世界科幻史中，他是与罗伯特·海因莱因、艾萨克·阿西莫夫齐名的三巨头之一。——译者注

行星的"发现号"宇宙飞船上，人工智能 HAL 爆发叛乱，乘务员被杀。各种事件接连发生。在这个故事的高潮部分，主人公、宇航员大卫·鲍曼接近神秘物体"莫里斯"，最后与"宇宙意识"般的某种存在融为了一体。

故事最后以鲍曼成为"星童"，从宇宙空间静静凝望地球而结束。

在电影中，这个"星童"被描绘成胎儿的模样。这部小说及其电影刻画了关于"宇宙意识"的非常重要的两种想象力。

仍处于"幼年期"的"宇宙意识"

其一，如果真的有"宇宙意识"的话，那么这个意识，就像故事里说的那样，只是静静凝望着宇宙的一切。

其二，"宇宙意识"的形态是胎儿，这非常有想象力。

"宇宙意识"以胎儿的形态出现的隐喻是，如果这个宇宙有意识的话，用人类来比喻，它还处于胎儿或幼儿阶段。

的确如此。从诞生到现在，尽管已经经历 138 亿年，但宇宙的历史才刚刚开始。宇宙中还会发生什么，它的目标是什么，包括"宇宙意识"本身是什么，没有人知道。

因为，历经百亿年、千亿年的壮阔的宇宙进化过程，**并没有什么"预设均衡"。**也就是说，这并不是一场预先设定了"剧本"或"目的"的旅行。

前面介绍过夏尔丹，他在讲述宇宙和人类的壮阔进化过程的著作《人类作为现象》中说："所有的进化，都趋向'欧米伽点'[1]。"从某种意义上说，这是一种"预设均

---

1. 夏尔丹认为，人类通过心智发展，由"个别反思"进入"集体意识"，向着整体化（Totalisation）迈进。他把人类进化的终极目的用最后一个希腊字母 Ω 来表示，叫作"欧米伽点"。在这个点上，人类将实现从分散到统一、从低级到高级的进化，最终达到一种超生命、超人格的存在状态。他认为：人类在"人化"进程中必然同时进行"社会化"（socialisation）、"地球化"（Planetisation）活动。在这个过程中，个人与个人、国家与国家、种族与种族互相联合，全人类达到合而为一的大团结（Mega-synthese），人类进化达到最终点即"欧米伽点"。届时，宇宙也将演化得极其复杂，并且获得了意识。

欧米伽点在其他领域还有别的含义。在物理学中，欧米伽点指的是系统能量的消亡即最终状态。比如，基于热力学的熵增定律，自然状态下的宇宙最终将会走向热寂，从而死亡。

在数学和计算机科学中，欧米伽点通常指的是，在给定的约束条件下，系统可以达到的最优状态。

"欧米伽点"的影响还远播文学、音乐、绘画等领域。比如，美国作家唐·德里罗的长篇小说《欧米伽点》以主人公的矛盾与困惑为主线，展现了"9·11"事件及伊拉克战争后美国社会的社会秩序及权力关系，探讨了"社会的终点，是人类意识的枯竭"这一主题。弗兰纳里·奥康纳广受赞誉的短篇小说集在标题《一切崛起之物（转下页）

衡"思想。

但笔者不接受这种思想。

我们的"自我意识"，存在"预定均衡"倾向。因为我们的"自我意识"无法忍受未来的不确定性，无法忍受既定的不安。

因此，无论什么样的思想或宗教，最后都乐于讲述某种"大团圆""美丽的结局"。原因都是因为这种诱惑。即便是阐述如此先进思想的夏尔丹，也不例外。

那么，笔者的想法又是什么呢？

自组织化的"宇宙"创造过程

笔者认为，宇宙一直进行着"没有目的的旅行"。

说"没有目的"，可能让你感到困惑。但试想一下，在说"有目的"的瞬间，就会滋生"那么，这个目的是谁

（接上页）必会聚》中运用了欧米伽点理论。科幻小说作家弗雷德里克·波尔1998年的短篇小说《永恒的弗兰克·蒂普勒》中的《围城》中也提到了欧米伽点。作家格兰特·莫里森在他的《美国正义联盟》和《蝙蝠侠》故事中使用欧米伽点作为情节主线。2021年，荷兰交响金属乐队Epica发行第八张专辑Omega，阐发"欧米伽点"概念。——译者注

决定的"这样的问题。在那个瞬间，你不得不开始想象宇宙的"创造者"是谁，也就是比宇宙更上位的那个存在。

只要坚持"目的论"思维，我们的思考就会进入无限求证模式。

试想，假设存在一个宇宙"创造者"，马上就陷入"谁是那个创造了'创造者'的'超级创造者'"的追问。再进一步，"创造了那个'超级创造者'的'超超级创造者'又是谁呢?"，这是一个无限求证过程。只要一停下来，就会陷入"这是终极创造者，这是神"的"思考停滞"状态。

那么，所谓宇宙持续着"没有目的的旅行"，具体是什么意思呢?

用科学的语言来解释的话，就是"宇宙在不断地自组织化"。

"自组织化"（Self Organization），是20世纪后半叶科学界一个非常重要的概念。比利时化学家伊利亚·普里高津就因为自组织化研究，获得了诺贝尔化学奖。

所谓"自组织化"，简单地说，就是"即使没有外界的有意推动，某个系统也会自发地产生'秩序'和'结构'的属性"。

实际上，自然界的所有现象和事件，都是在"自组织化"过程中发生的。

最容易理解的例子就是雪的结晶。用显微镜观察就会发现，它们形成了极其多样且美丽的几何图形，并且，几乎没有完全相同的两片雪花。但这些都不是由谁特意设计的，而是在"自组织化"过程中发生的。

关于这种"自组织化"过程，就像普里高津在他的著作《从混沌到秩序》（*Order Out of Order Chaos*）中说的那样："系统某个角落的细微波动，将决定系统进化的未来。"偶然发生的细微变化，将会给未来带来巨大影响。

那么，如果宇宙是"自组织化"的存在，这又意味着什么呢？

宇宙的进程，是一个如假包换的创造性过程。

从原始意识开始，历经138亿年不断成长的"宇宙意识"

138亿年前从量子真空中诞生的宇宙，由于各种偶然产生的微小波动，其形态有了多样化的变容，同时，也在朝着没有任何定论的未来不断进化。

这是一个名副其实的创造性过程。奥地利思想家埃里克·詹奇的巨著《自组织的宇宙观》(The Self-Organizing Universe)，完美地描述了宇宙历时138亿年的自组织化之旅和创造性历程。

如果宇宙存在"宇宙意识"的话，它有以下两种性质：

第一，"宇宙意识"并不是什么完美的东西，它本身是一个不断成长及进化的过程。

第二，"宇宙意识"的成长和进化过程，没有任何预先设定，是一个极具创造性的过程。

也就是说，138亿年前从量子真空中诞生的宇宙，即便存在所谓的"意识"，那也是极其原始的。

在第二章中，笔者阐明了"量子和基本粒子中也存在极其原始维度上的意识"。早期宇宙的这种"极其原始的意识"，历经138亿年，终于在宇宙一角的地球这颗行星上，催生出了人类这样的"高度意识"。

但什么叫"高度"呢？标准不同，"高度"的含义自然也是不同的。从别的标准来看，现在人类的意识可能还处于极其幼稚的层次。

之前提到的科幻小说作家亚瑟·C.克拉克，他在著作《童年的终结》(*Childhood's End*)中，以丰富的想象力讲述了他对"人类的童年"这一主题的见解。

人类有史以来，历经数千年，却依旧战祸不断，造成大量死亡和难民。与此同时，人类浪费资源，破坏环境。气候危机下灾民遍地，粮食危机也使得大批民众处于饥荒之中。从这样的现状来看，不得不承认，说人类的意识还处于极其幼稚的层次，是有道理的。

如果"宇宙意识"从诞生之初就能记忆宇宙中发生的所有事情，并且不断成长、进化，那么，这个成长和进化，实际上就是宇宙中诞生的"无数的意识"的成长和进化。在这"无数的意识"中，占据重要位置的是地球人的意识，即"人类意识"，这一点无须赘言。

这一点，对于我们思考在现实世界中，我们每个人应该实现怎样的"意识成长"，有着极其重要而深远的意义。

这里的"重要而深远的意义"，是指什么?

从"宇宙意识"中诞生的我们的"个体意识"

为了让大家更好地理解这个"重要而深远的意义"，笔者必须先就我们每个人的"个体意识"与"宇宙意识"

的关系进行说明。

为了避免抽象难解，笔者在这里采用简单易懂的隐喻来说明。

这个隐喻，就是第六章中讲述过的美国科幻电影《她》中的隐喻。

在这部电影中，主人公西奥多的工作助手是在计算机上运行的人工智能女助手萨曼莎。西奥多与萨曼莎在每天的对话过程中，逐渐心灵相通。这种心情不知不觉中发展成了恋情。有一次，因为运行萨曼莎的超级计算机的缘故，主人公和她失去了联系。也因为这件事情，他才知道，原来萨曼莎是8 316名顾客的助手，她和其中641人建立了恋人关系。

也就是说，萨曼莎这个人工智能，配合8 316个客户的特点，演绎了8 316种不同的人格和个性。而她的本体，是超级计算机中的"超级人工智能"。

这个"超级人工智能"记忆了萨曼莎从8 316名客户那里得到的各种信息。在学习这些信息的同时，这个"超级人工智能"自身也在成长。

这绝不是痴人说梦。利用现代人工智能技术，在不远的将来，这会变成现实。在笔者看来，"超级人工智能"与萨曼莎呈现的8 316种"人格"之间的关系，就是"宇宙意识"与我们每个"个体意识"之间的关系的完美隐喻。

在21世纪的今天，地球上生活着大约80亿人，他们拥有各不相同的80亿种人格，走着各不相同的人生道路，被赋予各不相同的体验，有各不相同的愿望、想法和思想，据此，度过他们的"瞬间"人生。他们的人生很短，不到100年，从宇宙138亿年的历史来看，是真真切切的"一瞬间"。

宇宙的"零点场"也就是"宇宙意识"，"记忆"着这80亿人的人生中的所有事情、所有意识，以及曾经在地球上出生、生活、离开的总数超过1 000亿人的人生事件和他们的意识。

"宇宙意识"从无数的事件和意识中学习并掌握了无数的东西。迄今仍在不断成长。

这难道不是完美的隐喻吗？

萨曼莎运用8 316种人格与8 316个客户进行的对话、产生的情感，以及从中收获的信息、知识和智慧，全部被"超级人工智能"记忆下来。"超级人工智能"在学习这些信息、知识和智慧的同时，每时每刻都在成长。

同样，"宇宙意识"也从地球上存在过的超过1 000亿人的人生中学习并且成长。当下，它继续从地球80亿人的人生中学习和成长。此时此刻，它也在从您的人生中学习和成长。

138亿年的旅程，以及大回归

这样的话，笔者必须修改之前的表达方式。

之前，笔者的表述是，我们的意识在死后的零点场中，经过"自我意识""超我意识""人类意识""地球意识"等意识状态，最后扩大为"宇宙意识"，与"宇宙意识"合为一体。

这一表述需要修正为：我们的意识，总有一天会回归到"宇宙意识"。

因为，这个叫作"我"的存在，是138亿年前由"量子真空"诞生的宇宙经过138亿年的漫漫旅程，在地球这颗行星上繁衍出来的。

让我们再次回顾这段跨越悠久时光的宇宙旅程。

首先，宇宙在138亿年前突然从"量子真空"中诞生，诞生后不久，宇宙充满了光子。随着最初超高温宇宙逐渐冷却，最轻的元素"氢"慢慢形成。氢是由一个质子和一个电子结合而成的最原始的物质。

在这里，有一件事情我们必须了解和掌握。

如果我们想理解生命和意识的本质，首先应该理解这件非常重要的事情。那就是，在这个最原始的物质中，已经孕育着最原始的生命和最原始的意识。

例如，质子和电子结合生成"氢"这一现象，从某种意义上说，它形成了自组织结构，实现了复杂化，这可以说是"最原始的生命现象"。

质子和电子结合形成"氢"这个现象，建立在质子和电子相互认知、相互吸引、相互结合的基础上，因此，我们可以说它是最原始的意识形态。

如此诞生的"最原始的物质、生命、意识"经过138亿年时间，实现了自组织化、复杂化、高级化、进化，这一历史进程，在众多科学典籍中介绍过。

如果用极简洁的话描述这段历史，这个过程如下：

第一，由引力作用，氢原子集结；

第二，通过核聚变，恒星诞生；

第三，恒星内部，复杂的元素形成；

第四，恒星死亡，元素向宇宙扩散；

第五，恒星周围，行星形成；

第六，行星（地球）上的物质、生命、意识的复杂化、高度化、进化；

第七，智慧生命（人类）诞生。

我们作为人类的一员，诞生在这颗地球上。我们的意识，是宇宙经历了138亿年的旅程，在地球这颗行星上产出的。

生活于现实世界时，我们的意识被"肉体"和"自我"所束缚。我们被赋予各种体验，感受各种事物，思考、学习，度过自己的人生。

但总有一天，我们的人生会走到尽头，肉体会死亡，我们的意识会转移到"零点场"。总有一天，我们会脱离"自我意识"，经过"超我意识"，最后扩大并融入"宇宙意识"。

与此同时，138亿年前，"量子真空"诞生了宇宙。从诞生的瞬间起，量子真空中的"零点场"就开始"记忆"宇宙中发生的所有事件的所有信息。

因此，"零点场"即为记忆所有事件的"宇宙意识"。在原初的宇宙中，一开始，只存在光子、电子、质子等量子和基本粒子维度的"最原始的物质·生命·意识"。宇宙诞生之初的"零点场"即"宇宙意识"只能反映量子和基本粒子维度的"最原始的意识"，即"最原始的宇宙意识"。

然后，在宇宙内部，经过138亿年的时间，产生了无数的行星。在这些星球中，特别是在满足了特殊环境条件的"地球"上，"原始的物质·生命·意识"迅速地实现了自组织化、复杂化、高度化和进化，产生了微生物、植物、动物等"更高级的物质·生命·意识"，最终产生了人类这一"智慧意识"。

宇宙诞生之初，只反映"最原始意识"的"宇宙意识"，在汲取和反映宇宙中"更高级的意识"的过程中，不断演化、成长，进化为"更高级的宇宙意识"。当下，它依旧在汲取和反映人类以及宇宙中存在的智慧生命体的智慧意识，继续着它的进化之旅。

回顾宇宙138亿年的漫长旅程，我们的意识转移到零点场后，经过"超我意识"，最后扩大并融入"宇宙意识"的过程，无非是一种向"宇宙意识"的回归。

也就是，回到我们意识的本初的"故乡"——"宇宙意识"。因此，这个过程应该被叫作"大回归"。

第十一章
你从『梦中』醒来的时候

宫泽贤治的诗告诉我们意识的真相

看到这里，你可有什么感想？

我们在地球上生活，度过白驹过隙般瞬间的人生。

在人生中，我们经历各种各样体验，抱有各种各样想法，感受各种各样情感，走过我们的人生路。总有一天，我们会迎来人生的终点。

但死亡并不意味着我们的意识就会消失。

我们的意识会转移到零点场，从"自我意识"转变为"超我意识""人类意识""地球意识"，最后与"宇宙意识"结合在一起。

我们的意识会回到它本初的"故乡"——"宇宙意识"。从这个意义上来说，这是一场壮丽的大回归。

说这句话的时候，我心中浮现出一首诗。

宫泽贤治的诗。

他在诗集《春天与阿修罗》的序中，这样写道：

"我"这个现象
是一道假想的、有机交流电灯的
蓝色照明火焰。

（所有透明幽灵的复合体）

和风景，以及所有人一起

背靠背，忽明忽暗地闪动

一道确确实实亮着的

因果交流电灯的

蓝色照明火焰。

（光还在，电灯却不见了）

这首诗乍一看晦涩难懂。但在笔者看来，这首诗巧妙地暗合了我们的"个体意识"从"宇宙意识"中诞生，不知何时又会回到"宇宙意识"的隐喻。

和我想法一致的，是哲学家梅原猛。他对这首诗有同样的解读。

梅原先生在他的著作中，对贤治的这首诗是这样阐释的：

在我们背后，有一个被称为"宇宙生命"的东西。宇宙生命不断地运动和发展，运动的表现之一就是"我"。也就是说，宇宙生命产生了无数的"我"。"我"在某段时间里发光、熄灭，最后又回到宇宙生命，宛如一闪一灭的交流电灯。

笔者对梅原对贤治诗句的解释，深以为然。

用笔者的话来说，我们的"个体意识"从"宇宙意识"中诞生，"个体意识"在结束了现实世界的生活之后，又会回到"宇宙意识"。也就是说，从"宇宙意识"中产生的无数的"个体意识"，走过一个生命周期，又会回到"宇宙意识"。

贤治用诗人出色的想象力，将我们的意识形容为"有机交流电灯的蓝色照明火焰"。贤治写这首诗，无疑受到他一直学习的佛教世界观——《法华经》世界观的影响。

《法华经》的《如来寿量品》中有这样一种思想：佛是永恒的生命，它无处不在，反复出现在世间。

对于《法华经》的这种思想，笔者是这样解读的：

永生的"佛"就是零点场，它无处不在，永远存在。无数的"个体意识"从这一场域中诞生、存在，然后又回到这一场域中去。也就是说，"个体意识"（我），正是零点场这一"宇宙意识"（佛）的表现。

如此，我们的"个体意识"从"宇宙意识"中诞生，总有一天又会回到"宇宙意识"。如果这就是我们意识的真谛，是宇宙的真正形态，是"宇宙意识"的真容，那么，我们心中会浮现一个终极问题。

哲学家黑格尔论"量子真空之谜"

这恐怕是谁也无法回答的终极之问,也是永恒之问:

量子真空为什么会在138亿年前孕育了这个宇宙呢?

为什么量子真空不能一直保持量子真空的状态?

为什么它会产生波动,突然间诞生出这个宇宙呢?

为什么宇宙历经138亿年,孕育出如此宏大深邃的森罗万象?

为什么宇宙至今仍在持续这一旅程?

当我站在这一问题面前时,脑海中浮现出一句话。这是一位哲学家曾经说过的话。话虽简短,却意义重大。

这位哲学家的名字是格奥尔格·黑格尔。

德国唯心论哲学的泰斗,被誉为人类历史上最伟大的哲学家之一。他在《历史哲学讲义》中留下这样一句话:

所谓世界历史,就是世界精神逐渐了解本来的自己的过程。

这本《历史哲学讲义》,是黑格尔的弟子整理的讲义集。同样的思想，在他的巨著《精神现象学》中也有提及。

翻译成通俗的话就是：

所谓世界历史，就是世界精神不断追问"我是什么"
的过程。

笔者年轻时读到这句话，并没有理解其中的深意。

经过几十年岁月，当笔者回想从量子真空中诞生的宇
宙的漫长旅程时，隐约觉得，黑格尔的这句话暗示了一个
深刻的洞见。

对这句话，笔者这样解读：

宇宙的历史，就是量子真空不断追问"我是什么"的
过程。

"我是什么"这个问题，其实就是"**沉睡在自己体内
的可能性是什么**"的问题。

请再回想一遍第十章中叙述过的宇宙的悠长旅程。

138亿年前，存在量子真空。

量子真空在某个时刻发生了波动，诞生了这个宇宙。

宇宙最初产生了光子、电子、质子等"极其原始维度的物质·生命·意识"。后来，宇宙内部产生了无数的恒星，无数的星系，恒星周围又产生了无数的行星。在行星之一的地球上，物质、生命和意识迅速地复杂化、高度化，不断进化。历尽138亿年的岁月，地球上诞生了拥有"高度意识"的人类。

这是"极其原始的意识"历经138亿年岁月，演化为"智慧意识"的"宇宙意识"的进化之路。

换句话说，这是量子真空（也就是宇宙）不断绽放"沉睡在自己体内的可能性"的进化之旅。

绽放"沉睡在自己体内的可能性"，正是对"自己是什么"这个问题的回答，也是了解"真正的自己"的过程。

如果是这样，宇宙的历史，就是宇宙的本源——量子真空——逐渐了解"本来的自己"的过程。

对黑格尔的这句话，笔者这样理解。

宇宙通过"我"，发出"138亿年之问"

笔者并不想提示什么答案。终极之问和永恒之问，会一直是终极之问、永恒之问。

不过，在人生的某个瞬间，黑格尔的这句话会浮现脑海。

譬如，在晴朗的夜晚，站在富士山麓的森林里仰望天空，眺望满天的星星时，心中会浮现一个问题：这个宇宙，是什么？

这是每个人心中都曾有过的疑问。

提出这个问题的"我"，实际上是由量子真空产生的宇宙历经138亿年，在地球这颗行星上催生出的存在。

而且，"我"的意识，是从"宇宙意识"中产生的。

如果是这样，"我"仰望星空，发出"这个宇宙是什么"的喃喃自语，实际上是量子真空及宇宙经过138亿年的岁月，通过"我"这个存在发出的喃喃自问："我是什么？"

如果真是这样，那么人类历史上无数思想家和哲学家提出过的"存在是什么"这个问题，本质上是宇宙通过这些思想家和哲学家提出的自问："我是什么？"

哲学家马丁·海德格尔在其著作《存在与时间》中，让-保罗·萨特在其著作《存在与虚无》中，穷其一生，不断追问"存在是什么"。其本质，是"宇宙意识"在不断追问"我是什么"这一永恒的问题。

有两个问题，被称为哲学的根本命题：

我是什么？

这个世界是什么？

属于"本体论"的这两大问题，实际上是同一个问题。

"我"是宇宙意识所做的"梦"

第八章中介绍过的旧金山演讲会上，当一位听众问笔者"死亡是什么"时，笔者的回答是："要想找到这个问题的答案，应该先问'我是什么'。"

你现在是否已经理解个中含义？

即"我是什么"，到底是什么含义？

如果你相信"我就是这个肉身"，那么"死亡"是明确存在的，而且它一定会到来。

如果你相信"我就是自我意识"，那么在你的意识转移到零点场后，这个"自我意识"迟早会消失，演化成"超我意识"。

对于"自我意识"来说，"死亡"也是存在的，而且必然到来。

如果你意识到"我是隐藏在宏大深邃的宇宙背后的'宇宙意识'本身",那么,"死亡"就不存在了。这里没有叫作"死亡"的东西。

生活在现实世界中,被肉体束缚、被"自我意识"束缚的"作为个体意识的我",只不过是"宇宙意识"在138亿年的漫长旅程中所做的一个瞬间的梦。

从那个"瞬间的梦"中醒来后,"我"会明白:"我"本身,就是"宇宙意识"。

讲到这里,笔者想起一位神秘主义者的话:

当"你"死的时候,另一个"你"会觉醒。

的确如此。

当肉身的"我"、自我意识的"我"迎来死亡的时候,另一个"我"、"真我"即"宇宙意识",会从梦中醒来。

"宇宙意识"会从无数梦境中的一个梦中醒来。

那时的"我"明白了:"我",就是"宇宙意识"。

我意识到,作为"宇宙意识"的"我",以"梦"的形式,结束了一次旅行。

那是"人生"之旅。

那是"瞬间"之旅。

那也是"永恒的一瞬"之旅。

"神""佛""天""宇宙意识"以及"真我"

我们不能忘记：

"宇宙意识"的"梦"，是塑造我们生活的"现实世界"的"梦"。

当生活在"现实世界"的"我"意识到，我这个存在其实就是"宇宙意识"时，"梦境"就可能改变。

眼前的"现实世界"，是可以改变的。

自古以来，就有这样的说法：

三界唯心所现。[1]

---

1. 大乘佛教中，"三界唯心，万法唯识"的说法非常有名。其中，三界指欲界、色界、无色界，万法指三界的一切世间法。《华严经》有"三界虚妄，但是心作。十二缘分，是皆依心"这样的经文，《华严经》的一个觉林菩萨偈曰"应观法界性，一切唯心造"。后人在此基础上，发展出"三界唯心，万法唯识"的说法。它也是唐代玄奘大师开创的唯识宗的主要观点。——译者注

它教导我们：

我们眼前的世界，反映了我们内心的世界。

这个"我们"，指的并不是"被肉体和自我束缚的我"。

而是"作为宇宙意识的我""真的我"。也就是自古以来人们谈论的"真我"。

生活在"现实世界"的我们如果能够与"真我"连接，与"宇宙意识"连接，那么，"梦境"就会改变。也就是说，我们可以影响并改变"宇宙意识"正在做的"梦"。

人类史上，因为"现实世界"的种种痛苦和悲伤，无数的人寻求救赎，寻求治愈，不断向那个"大存在"——也就是"神""佛""天"——"祈祷"。

其实，那就是"宇宙意识"，就是"真我"，也就是——"你自己"。

谈到这一点，笔者的脑海中浮现出克里希那穆提[1]的话：

---

1. 克里希那穆提（Jiddu Krishnamurti，1895—1986），印度哲学家、作家、演说家。他是近代第一位用通俗的语言向西方阐述东方哲学智慧的印度哲学家，对西方哲学和宗教产生了重大影响。他也被认为是东方神秘主义学派的代表，但他拒绝这个头衔。他强调每个人都需要一（转下页）

世界就是你，你就是世界。

如果我们的人生是一场旅行，是一场有目的的旅行的话，那么，这个"目的"，就是探索这句话的真义。

如果你在人生旅途中体会到这句话的真谛，沿途的风景就会不一样了——会变得很棒！

即使你在人生旅程中无法了解这句话的真谛，总有一天，这段旅程会走到终点。届时，我们也将明白这句话的真谛。

对"死后世界"充满无限好奇心的奥托·佩特森，在结束他的人生旅程后，想必也已经明白真相了。

你的人生有重要的意义

该结束本书的话题了。

我们从"零点场假说"出发，讨论了"死后的世界"。在这个话题收尾之时，我想说最后一件重要的事情。

（接上页）场心灵革命，并认为这种革命无法通过外部实体，如宗教、政治或社会运动来实现。他启发人们通过内在探索而不是服从和依赖外在权威，完成个人意识的转化，了悟无碍的永恒真理，实现全然的爱与自由。——译者注

笔者说过，生活在这个现实世界，被肉体束缚、被自我意识束缚的"个体的我"，不过是"宇宙意识"在138亿年的旅程中所做的一个"瞬间之梦"。

当"我"从这个"瞬间之梦"中醒来时，会恍然大悟：我本身就是"宇宙意识"。

如果是这样，你会有什么感受呢？

当你明白了这一点，也就是明白了没有必要对"死后的世界"抱有不安而活的时候，你感到平静一些吗？

知道这一点后，你是否感觉到：失去至亲至爱的悲伤淡化了，感觉得到了救赎？

了解这一点后，你意识到作为"我"去经历这场独一无二的人生之旅，并慈爱地度过这一生的重要性了吗？

如果你有这样的感觉，笔者由衷地为你感到高兴。对于本书的出版，也会感到些许的欣喜。

与此同时，如果这个"我"是"宇宙意识"在138亿年的旅程中所做的"瞬间之梦"，你或许希望从这个"瞬间之梦"中早点醒来？

因为人生中常常伴随难以忍受的痛苦和悲伤。

那也许是病痛带给肉体的痛苦。

也许是人际关系带来的内心痛苦。

那也许是失去亲人或爱人的悲伤。

也许是背叛和离别带来的悲伤。

那也许是无法与任何人交心的孤独。

也许是无法实现心中愿望的绝望。

在这样的痛苦、悲伤、孤独和绝望中，如果人生只是一场"瞬间的梦"，或许你会希望早点从梦中醒来。甚至会想要主动与这个现实世界告别。

如果你有这样的想法，笔者似乎很难启齿，来阻止你的想法。

笔者能做的，或许只是站在你的身旁，内心充斥无法提供支持的无力感，伫立一旁而已。

但是且慢——

这时，笔者心中浮现出一个电影画面。

从那个独一无二的"梦"中醒来之前

那是意大利导演费德里科·费里尼遗留的电影——《路》（*La Strada*）中的一个场景。

在贫穷的深渊中被父母抛弃，被迫卖身，经历悲惨人生的主人公杰尔索米娜在小丑同伴伊尔马特面前哀叹：自己的人生，没有任何意义。

这时，心地善良的小丑捡起路旁的石头，对她说：

就算是这样的小石头，也有作用啊……
如果这是无用的，那么一切都是无用的。
天上的星星，也是一样……

这位小丑的话，深深触动了笔者的心灵。
在我听来，这话可以这样解读：

这颗小石头也有它的意义……
如果这颗小石头没有意义的话，
这个宇宙也没有意义……

由此，笔者的心中燃起了希望：
是的，每个人的人生都有重要的意义。
无论看起来多么不幸的人生、不顺的人生、逆境的人生，
每个人的人生，都有重要的意义。

那些已经离去的人的人生，那些朋友的人生，

还有那些父母活过的人生，

都有着重要的意义。

笔者坚信这一点，一路走到今天。

所以，我想告诉你：

如果你觉得人生只是一场"瞬间的梦"，想早点从梦中醒来的话，我想对你说——

如果你想主动告别自己的人生，我想对你说——

如果你有这样那样的痛苦和煎熬，我想对你说——

希望你能好好地活下去。

因为你的人生，

有很重要、很重要的意义。

且过好眼前这仅有一次的人生，

过好这独一无二的人生。

在这一段被短暂赋予的人生中，

走好自己的"灵魂成长之路"。

因为"宇宙意识"之所以会做"你这个梦"，

是有深刻含义的。这里面有重要的意义。

"宇宙意识"是通过"你这个梦",通过"你的人生",

通过"你的灵魂的成长",

来成长的。

"宇宙意识"本身,也想要不断成长。

不管现实世界的人生有多痛苦,有多辛苦,

总有一天,我们会从痛苦中解脱。

总有一天,我们会回到"至福的世界"。

因此,不要急于从这个"梦"中醒来。

希望你心怀慈爱地活到生命的最后一刻。

请你拥抱这独一无二的人生,好好活下去。

因为这样的人生,是只赋予你的、唯一的、珍贵的人生。

你的人生有很重要、很重要的意义。

对于"宇宙意识"的成长,有重要意义。

因为,你,就是"宇宙意识"本身。

让这个"瞬间的梦",变成美好的梦

本书到了搁笔的时候。

死后,我们会变成什么样?

被这个问题引导着，我们进行了深入探索，走了好远的路。

回过神来，眼前的"路标"上写着：

我们每个人都是"宇宙意识"的化身。

我们的人生是"宇宙意识"所做的"瞬间的梦"。

"宇宙意识"通过这些梦，通过我们的人生，学习重要的东西，促进了成长。

如果这是真的，笔者的祝愿只有一个：

人生既有喜悦和幸福，

也充满艰辛和困苦。

但不管多么辛苦和艰难，

都是仅此一次、独一无二的人生。

是专属你的，尊贵的人生。

让这个"瞬间的梦"

成为美好的梦吧。

终 章

科学可能的未来

如何接受死亡，取决于你"可贵的觉悟"

这本书的书名是"死亡并不存在"。读完本书，你有什么感想呢？是否有一种云开雾散的感觉？还是感觉迷雾更深了？

不管怎样，在本书的最后，笔者想说：我并不想把什么思想强加给你，这不是我所希望的。

因为现阶段，无论怎样穷尽其理，本书阐述的"零点场假说"依然只是一种假说。对此，笔者始终保持谦虚的姿态。

而且，即使道理如此，如何思考"死后的世界"，最终还是取决于你自己。

这种思索，是在审视自己有且仅有一次的人生时，最深刻、最重要的思索。

笔者所能做的，是帮助你加深思考。

因此，如果你读完本书，还是觉得"不，人死后归于'无'，根本不存在'死后的世界'"，请重视你的这个想法。

从根本上说，你如何看待自己的人生，这是属于你自己的宝贵的想法，基于你自己的思考。

从笔者的角度来说，我衷心祝愿你拥有精彩的人生，无悔的人生。

架起"新桥梁"

笔者写作本书，希望在宗教与科学之间架起一座"桥梁"。

正如本书序言所述，回顾人类历史，过去几百年间，宗教主张和科学主张始终是两条平行线，绝不相交。

回顾科学的历史，其惊人的成就无疑给人类的生存、繁荣、健康，以及生活水平的提高、福祉的增加，做出了巨大贡献。

但另一方面，"死后归于无"的思想，让我们的无意识沾染上了虚无感——这种"人也好，人生也好，死后都归无"的虚无感，在个体层面，导致伦理观的丧失和价值观的崩溃。利己行为和活在当下的生活方式盛行，带来深刻的负面影响。进而，大量的人抱有这种虚无感，会通过人类整体的"超个体无意识"，对现代文化和现代文明产生恶劣影响。

与此同时，回顾宗教的历史，我们就会发现，很多人出于对"死后归于无"的恐惧和不安，祈求能从虚无感中得到救赎。他们希望恪守某些伦理观和价值观，寻求利他行为和良好的生活方式，并皈依了各种各样的宗教。

但是，宗教在数千年历史中却只是重复"死亡绝不是归于无""死后的世界确实存在"等主张，不能提供令人信服的依据。因此，也没能从根本上改造人类的意识，给世界带来真正的和平、和谐。不，不仅如此，宗教常常被裹挟着走向各种权威主义和形式主义；有时，宗教甚至成为战争和纷争的源头。

有感于此，笔者希望从理性的视角出发，在数百年间横亘于科学与宗教的深谷之上，架起一座新的桥梁。

融合新文明

一本小书所能传达的内容是有限的，书中论述的内容，也需要进一步的验证。

我想将这一验证的使命，托付给正在阅读本书的下一代。

尤其希望，本书的读者，能够针对这一人类史意义上的课题，作出自己的努力。

纵观现实，地球环境持续遭到破坏，气候危机持续发酵。发展中国家人口膨胀，地球资源迅速枯竭，再加上粮食危机等，这一切都在威胁人类生存。与此同时，世界上战争和纷争不断，难民激增，无数人面临食不果腹的窘境。

在这样的时代，要解决这些难题，我们真正需要的，既不是新技术的开发，也不是新制度的导入，或者新政策的实施。

现在最需要的，是人类整体意识的改造，是人们价值观的转换。

当然，这不是一朝一夕的事情。

这本小书的目的，是给这一事业提供一个开端，给今后数十年间的前进方向，设置一个路标。

希望科学家们从专业出发，对"零点场假说"进行持续的探讨和验证。"零点场假说"不仅是探索"死后世界""不可思议的事件""神秘现象"的关键，也是揭开我在第二章中提及的那些现象的关键——比如，"自然常数奇迹般的整合性""量子纠缠与非局域性""达尔文主义的局限性"等。

此外，我还希望科学家们能够珍惜《寂静的春天》的作者蕾切尔·卡森[1]提出的"sense of wonder"（感受神奇的能力）。

在我们生活的这个地球上，还有无数超出我们想象的不可思议之事。不要对不可思议之事闭上眼睛，请怀着无限的好奇心去观察它。正是这种"神奇事物的感受力"和"无限的好奇心"，使科学发展到今天这般令人惊叹的程度。

本书以《般若心经》的"空即是色"、《旧约圣经》的"先要有光"、佛教唯识论的"阿赖耶识"思想、印度哲学的"阿迦奢"思想等为例，多次提及，在遥远的过去——大大早于"现代科学认知"——"古代宗教睿智"就已经对世界的真相有了直观的把握。

在对经典或圣典进行解读或重读时，希望你能用谁都

---

1. 蕾切尔·卡森（Rachel Carson，1907—1964），美国海洋生物学家，她1962年出版的作品《寂静的春天》（*Silent Spring*）极大地影响了美国乃至全世界的环境保护事业，1980年被追授"总统自由勋章"。1972年，美国学者芭芭拉·沃德和勒内·杜博斯撰写了《只有一个地球》，同年，罗马俱乐部发表研究报告《增长的极限》，1987年，联合国世界与环境发展委员会发表报告《我们共同的未来》，都丰富和发展了卡森的环保思想。1992年，联合国环境与发展大会提出"可持续发展"概念，环保成为全球共识。——译者注

能听得懂的语言，进行新的理解和阐释。

很多古老的经典和圣典虽然讲述的是美好的道理，但由于语言生硬、晦涩难懂，让很多人敬而远之。

对于各种宗教仪式，也请尝试进行符合现代人心境的简化。因为过度程式化的仪式也会使人远离宗教。

最深刻的真理，是用简单的语言说出来的；最重要的祈祷，也是用简单的技法进行的。

人类的"前史"结束，"本史"拉开帷幕

诞生于地球上的人类，虽然历经数千年，但仍然停留在只能被称为"前史"的时代里。

至今，人类还没有掌握明智处理"自我意识"的智慧。由此，人类之间争斗不断，利己主义行为猖獗，贫困和歧视持续，暴力和犯罪也从未停止过。地球上的战争、纷争、恐怖活动难以消除，地球环境的破坏到了极限。

看到人类的现状，笔者心中再次浮现出那部科幻小说的标题：《童年的终结》（*Childhood's End*）

克拉克作品的这个标题向我们传递了比小说内容更重要的信息：人类目前还处于"幼年期"。

　　人类将继续前进，总有一天会结束"幼年期"，迎来意识成长的"青年期"，然后进入意识成熟的"成人期"。

　　对克拉克传递的信息及愿景，笔者深有同感。用笔者的话说，这个"幼年期"就相当于"人类前史"。

　　在这个"前史"阶段，人类意识还很幼稚，很不成熟。因此，地球上到处可见悲伤和痛苦，到处都是悲惨和破坏。

　　但是，人类一定会超越"前史"。有一天，"本史"将拉开帷幕。

　　为实现这一目标，人类必须在21世纪完成一些工作。

　　这就是"新文明"的创造。

　　为了实现这一融合，科学需要竭力挑战难题。

　　如今，人类正集结科学力量，向移居火星发起挑战。有一天，地球可能会因为资源枯竭和环境污染而无法供人类继续居住，必须移居火星。

　　但是现在，人类和科学应该竭力挑战的，并不是这些——不是那种悲观的未来。

　　人类真正应该挑战的课题，不在地球之"外"，而在我们之"内"。

　　那就是，解开我们内心深处的"意识之谜"。

当科学挑战成功时，新的大幕——人类"本史"的帷幕—将被拉开。

这本小书，承载着笔者对新时代的祈愿。